なぜ老いるのか、なぜ死ぬのか、進化論でわかる

ジョナサン・シルバータウン
寺町朋子 訳

インターシフト

リサへ
生涯変わらぬ思いを

THE LONG AND THE SHORT OF IT
The Science of Life Span and Aging
by Jonathan Silvertown

なぜ老いるのか、なぜ死ぬのか、進化論でわかる【目次】

第1章　死と不死

なぜ私たちは老いて死ぬのか

夜は朝のカンバス
盗まれたもの——遺されたもの
死、だが私たちは心を奪われている
不死というものに
——エミリー・ディキンソン[1]

遅かれ早かれ、自分がいずれ死ぬことについて誰もがしみじみと考える。死を気にしないでいられるのは若者の特権だが、自分の消滅について思いを巡らせるのは年寄りの宿命だ。それぞれの人が、自分なりのやり方で答えを探し求めるが、その末にみな同じ問いを投げかける。自分はいつまで生きられるのだろう？　それにしても、なぜ死ななくてはならないのだろう？　老化や避けられぬ死には、どんな道理や根拠があるというのか？　その答えが科学で得られるよりずっと前に、生と死の謎に意味を与える道理が芸術で求められた。そんな道理の一つが、非常に貴重ながらほとんど知られていない中世の芸術作品に隠されている。ロンドンのウエストミンスター寺院の主祭壇前にある大敷石床だ。

その大敷石床は、新しい君主が即位するときにのみ巻き上げられるカーペットの下に何十年も埋もれていたもので、中世の宇宙観を描写したすばらしく複雑なモザイクの床だ。それは、植物や動物や人間の寿命と宇宙の寿命や世界の終わりを告げる最後の審判の日を結びつける。大敷石床で語られるストーリーは、床の表面が傷んでいるために今では読めないが、探偵さながらの歴史的・考古学的調査によって復元されている。大敷石床を囲む正方形の枠の四辺にはラテン語の文字が刻まれており、モザイク床がヘンリー三世時代の「西暦一二七二年のこの年」に完成したことを教えてくれる。[2]　敷設費を負担したのはローマ教皇で、モザイクのめくるめくパターンを並べたイタリアの職人たちが、古代ローマの遺跡の床から回収した鮮やかな石を陰気なロンドンに持ち込んだ。たとえば、コバルトブルーやターコイズブルー、赤、白のモザイク用ガラス小片、それに凝固した血の青黒い色を思わせる紫色の斑岩《はんがん》。この斑岩は大敷石床の石のなかでも一番貴重なもので、イエス・キリストが誕生する五〇〇年前に閉鎖されたエジプトのある鉱山でしか産出していない。

正方形の枠のなかには、四つの円がデザインされている。それぞれの円の輪郭線が延びて隣の円につながっており、一本の紐から四つの巨大な輪が作られているように見える。かつて円の周囲には、次のような言葉が刻まれていた。

これを読む者が、ここに表明されたすべての文言について入念に考えれば、
ここには「第十天」の尺度があることがわかるだろう。
生け垣は三年を表し、
それから順に、イヌ、ウマ、人間、
雄ジカ、カラス、ワシ、巨大な海の怪獣、世界へと続く。
それぞれの動植物の寿命を三倍すると、次の動植物の寿命となる。

「第十天」とは、中世の宇宙観において、地球を取り巻く天球の層のなかで最も外側にある層を意味する。したがって、大敷石床の碑文によれば、入念な読み手は、大敷石床のなかに宇宙の尺度、言い換えれば、宇宙がいつまで続くのかを見いだすことになる。大敷石床を設計した中世の人びとは、動植物の種によって寿命が違うことを知っていた。そして、こうした違いを、宇宙そのものの壮大な構想の一環として受け止めた。大敷石床に描かれているつながった円は、動植物

のライフサイクルが互いにつながっており、宇宙の寿命と結びついているという考えを具現している。すべてが「三」という聖なる数を介して結ばれ、ついには最後の審判の日となる。大敷石床に記されている寿命を関連づける数式は、生け垣が三年（植栽によって元気を回復するまで）で、三倍すれば、イヌの寿命とされる三の二乗（九年）になる。それをまた三倍すれば、ウマの寿命で三の三乗（二七年）になり、この計算を続けていけば、三の九乗、つまり一万九六八三年が「第十天」の寿命となる。

一万九〇〇〇年というと中世の宇宙論者にはきわめて長い時間に思われたかもしれないが、地球の歴史を振り返ればほとんど一瞬にすぎないことが、今ではわかっている。大敷石床に使われているデボン紀の石灰岩は、おもに海洋生物の化石でできた三億五〇〇〇万年ほど前の岩石だが、生命はその一〇倍（三五億年）もの期間にわたって地球上に存在しており、地球はそのさらに一〇億年前からある。現在の推定によれば、宇宙は一四〇億歳に近い。私たちは今日、時間について中世の先祖たちと同じ問いを投げかけるが、科学からもたらされる答えは想像力をまさしく限界にまで押し広げる。

科学では、寿命についてどんなことを教えてくれるだろうか？　なぜ、異なる生物種の寿命はそんなにも違うのだろう？　イヌは一〇年ほどなのに、人間が八〇年くらい生きるのはなぜなのか？　中世の宇宙論者は、寿命の多様性のなかに統一性があるのは、すべてが神の定めた数列に属しているからだと信じていた。かたや科学には、なぜ寿命が種によって異なるのかを説明する独自の理論があるだろうか？　それとも、寿命の違いは、秩序や構想などない膨大なモザイクのかけらのように、山をなす多くの事実の一つにすぎないのだろうか？　そして、老化――年齢とともに蓄積し、長い寿命をも終わらせる体の異常――とはなんなのだろうか？　なぜ私たちは年老いるのだろう？　動植物も人間と同じように老いぼれるのだろうか？

本書は私の考えをモザイク風に集めたもので、現代科学がこれらの疑問に対して出す答えをつなぎ合わせていく。だが、まずはウエストミンスター寺院から出発したい。というのは、中世の教会にしては驚くべきことに、そこには秘められたメッセージがあるだけでなく、死や不死について多くのことが語られているからだ。

ウエストミンスター寺院は、イギリスで不朽の名声を持つ人びとが埋葬される場所だ。ここでは死と後世の人びとが同じ場所に同居しており、偉大な芸術や科学的な理解が死を超越することを気づかせる役目を果たしている。この場所は教会であると同時に国家の霊廟でもあり、『カンタベリー物語』の著者ジェフリー・チョーサー（一四〇〇年没）も眠っている。詩人などの著名人が埋葬されている通称「詩人のコーナー」ではチョーサーのまわりに、ウィリアム・シェークスピア、ウィリアム・ワーズワース、チャールズ・ディケンズ、ジェーン・オースティン、ジョージ・エリオット、T・S・エリオット、ヘンリー・ジェームズなど、イギリス文学を代表するすべての人びとへの記念碑があるように見える。この栄誉あるコーナーの壁や床は著名な文筆家の名前で満杯で、今やチョーサーの墓の上にあるステンドグラスの窓にもはみ出しているほどだ。オスカー・ワイルドやアレキサンダー・ポープは、チョーサーの墓を照らす窓に刻まれた数々の名前のなかにある。

しかしながら、ウエストミンスター寺院はイギリスの教会なので、皮肉な巡り合わせや反逆、さらには野卑な話までもが、大理石に走る縞模様のように、その荘厳な建物の随所に認められる。たとえば一七世紀、ウエストミンスター寺院に隣接するウエストミンスター・カレッジの学生たちが、手入れされていない側廊でリチャード二世の顎の骨を持って喧嘩をした。[3] のちには、若い学者たちが自分の名前を墓や戴冠式の椅子にまで刻みつけた。それらの落書きは今も見ることができる。一七世紀に活躍した官僚で日記作家のサミュエル・ピープスは、ヘンリー五世の王妃キャサリン・オブ・バロワの遺体が棺から取り出され、ミイラ化した遺体が死後二三二年経った当時でも展示中であると記している。彼の記録によれば、一六六九年二月のある日、「特別のご配慮を賜り……私は王妃の上半身を両手で抱き、唇に接吻した。そして、妃に間違いなく接吻したのだという思いに浸った」[4] とのことだ。

そのような冒涜がおこなわれた様子に、後世の来場者たちは身震いした。一九世紀初めにニューヨークから訪れた作家のワシントン・アービングは、次のように記している。

わたしは考えた。このおびただしい墳墓の集まりは、屈辱の倉庫でなくてなんであろう。名声の空虚なこと、忘却の確実なことについて、くりかえし説かれた訓戒のうずたかい堆積でなくてなんだろうか。じっさい、これは死の帝国である。死神の暗黒な大宮殿である。死神が傲然と腰をすえ、人間の栄光の遺物をあざわらい、王侯たちの墓に塵《ちり》と忘却とをまきちらしているのだ。名声の不死とは、とどのつまり、なんとむなしい自慢であろう[5]（『スケッチ・ブック』〔吉田甲子太郎訳、新潮社〕）。

ウエストミンスター寺院のなかで一〇〇〇もの忘れ去られた名前に囲まれると、アービングの記述に同意したくなる。どんな人間の寿命も、そうなるべくして老化や病気で終わるのであって、死の永遠性にかなうはずもないではないか？　さて、有名な詩人のコーナーを回ったところの南側廊には、ウィリアム・コングリーブ（一六七〇～一七二九年）の祈念碑がある。コングリーブは詩人にして劇作家で、彼の棺を担いだ人びとのなかには当時の首相も含まれていたが、今ではほとんど忘れられている。[6]　コングリーブの愛人だったマールバラ女公爵ヘンリエッタは、コングリーブから贈られた遺産の一部を使い、機械で動くコングリーブの彫像を作らせた。それは象牙製で、ぜんまい仕掛けで動くようになっていた。女公爵は日々、コングリーブがまだ生きているかのように、ぜんまいを巻き上げた愛人に食卓で話しかけ、少なくとも彼女にとってはだが、コングリーブの思い出を死から一時的に救い出した。

国王とジャガイモ

ウエストミンスター寺院は、イギリスの歴代君主がつねづね王冠を授けられる教会でもある。その華麗さは、この寺院で一九〇二年におこなわれたエドワード七世の戴冠式で極みに達した。当時は大英帝国の全盛期だった。[7]だがイギリスおよび地球の四分の一に及ぶ地域の王、かつインド皇帝となるエドワードは、戴冠式の前にお抱えの医師団から、式を延期して急性虫垂炎の治療を受けなければ式の最中に死ぬ恐れがあると警告された。そこで仕方なく、国王はみずからの死すべき運命に降参したが、ついに戴冠式がおこなわれたときも、体はまだ弱っていた。身分や肩書きが、老化による衰弱を守ってくれるわけではない。だが、戴冠式を執りおこなった八〇歳のカンタベリー大主教は、王よりさらに体の具合が悪かった。半盲で手は震え、祭文を読み上げるのも困難で、新しい王の頭に王冠を載せる力もほとんどなかったほどだ。そのため、大主教が王座の前でひざまずいたあと、立ち上がるのに王と三人の主教が手を貸さなくてはならなかった。大主教はそれから数カ月もしないうちに亡くなる。そしてエドワード七世も、わずか八年後に六八歳で崩御した。

今日、エドワード七世はどれほど記憶されているだろう？　王の治世中にはコインが発行された。コインはエドワードの名前を何百年も記憶にとどめさせるのに十分な耐久性があり、枚数も多かったのは間違いないが、流通しなくなってから久しい。イギリスの学校の生徒たちは、曽祖父母が丸暗記した君主たちの名前や治世の時代をもはや覚えていない。だが、一九〇二年、ある野菜栽培者がエドワード七世にちなんでジャガイモの新種に命名し、王に敬意を表《ひょう》した。というわけで皮肉にも、イギリスでは現在、「キング・エドワード」といえばジャガイモだ。ジャガイモは王よりも長生きする。それぞれのジャガイモの塊茎は、それを作り出した苗と遺伝的に同一であり、それぞれの株は親株から確保された塊茎から成長するので、元の「キング・エドワード」ジャガイモはまだ生きており、シーズンごとに増えている。マクドナルドのフライドポテトで使われている「アイダホポテト」は、さらに古い品種だ。アイダホポテトは私たちの誰よりも長生きするだろう。それらを食べ過ぎる人に比べれば、なおさら長生きするはずだ。本書ではこれから、なぜ植物が並外れた長寿の記録を打ち破るのかや、食習慣が人間を含めた動物の寿命にどんな影響を及ぼすのかを見ていこう。

名声が長続きしないという悲痛な例は数あるものの、ワシントン・アービングは間違っていた。彼自身も含めて、一部の人の名前は記憶に残る。シェークスピアが忘れ去られることなどあろうか？　ジョージ・フレデリックの姓ヘンデルを、詩人のコーナーにある彼の墓の上で見過ごす人がいるだろうか？　彼の作曲した崇高な音楽が、今の時代でも鳴り響いているのに？　たとえ、ウディ・アレンがかつて「私は自分の作品で不滅を達成したいとは思わない。死なないことで達成したい」と皮肉ったとしても、不朽の作品を創り出した人びとは生き続ける。もっとも、サー・アイザック・ニュートンはどんな意見もおもしろいとは思わなかっただろう。そんな性質は万有引力の法則を発見したことほど知られていないが、ニュートンは一生のあいだに一度しか笑わなかったと言われる。笑ったのは、ユークリッドの『原論』に何の使い道を見て取るかと誰かから尋ねられたときだったそうだ。[8]ウエストミンスター寺院にあるニュートンの大理石の碑は非常に凝っており、祭壇のように見える。この科学界の巨匠に捧げられたかのようだ。アレキサンダー・ポープがニュートンに対する次のような賛辞を書いたことは、よく知られている。「自然と自然法則は闇に隠れていた。神がおっしゃった。〝ニュートンあれ！〟。すると、すべてが明るくなった」

謎のなかの謎

ニュートンの祭壇から数歩のところに、チャールズ・ダーウィンが埋葬されている飾り気のない場所がある。そこは白い大理石の地味な床板で覆われ、ダーウィンの名前と生没年月日が刻まれているだけだ。ダーウィンが亡くなったときには、このイギリス国教会は不本意ながら進化論とおおむね折り合いをつけており、進化論は神によって定められた自然法則のリストに加えられていた。そのダーウィンはどうかといえば、若いころには牧師になる教育を受けていたが、亡くなったときには不可知論者だった。ダーウィンの信仰は、今日でも宗教にとって厄介な、次に挙げる二つの疑問にぶつかって崩れたのだ。神はなぜ悪を許すのか？　そして、神が存在する物的証拠はどこにあるのか？　チャールズ・ダーウィンは細やかな感性の持ち主で、親切心にあふれ、家族に愛情を注ぎ、奴隷制に強く反対し、他人に対して思いやりがあった。愛娘のアニーが結核のために一〇歳でこの世を去ったとき[9]、ダーウィンは、もし神が存在するならば、どうして無垢な子どもの苦しみを許容できるのか想像できなかった。妻のエマは、アニーの死に対して宗教に慰めを見いだしたが、ダーウィンには疑念しか見いだせなかった。今日、ダーウィンが抱いた謎を科学的に表現すれば、なぜ進化は老化や死を許容するのかということになる。神よ、なぜアイダホポテトが年を取らず、私が年老いて死ななくてはならないのでしょう？

ウエストミンスター寺院でダーウィンの墓と並んでいるのは、天文学者で数学者でもあったサー・ジョン・ハーシェルの墓だ。二つの墓はとても近くて墓石が触れ合っている。ダーウィンが『種の起源』を出版するよりずっと前に、ハーシェルはみずからが「謎のなかの謎つまり、ほかの種による絶滅種の置き換え」と呼ぶ問題について思案し、次のように推測した。「新しい種の発生は、いつか私たちが理解できるようになった暁には、奇跡的な過程ではなく自然な過程だとわかるだろう」。ダーウィンは『種の起源』の執筆に取りかかると、序章で「謎のなかの謎」にかかわるハーシェルの見解に触れた。ダーウィンが著書のために選んだタイトル「On the Origin of Species（直訳すれば「種の起源について」）」も、ハーシェルの「the origination of fresh species（新しい種の発生）」という言葉からインスピレーションを得たのかもしれない。ダーウィンの偉業は、新しい種が、神によって奇跡的に創造されるのではなく、自然に誕生しうる仕組みを発見したことにある。進化がどのように起こるのかを見いだしたのだ。

ダーウィンは、進化を促すメカニズムを「自然選択」と呼んだ。彼いわく、個体はそれぞれに異なり、日常生活につきものの生存競争では、より適応力がある個体がそうでない個体よりも多くの子孫を残す。では、こうした自然のふるい分けが作用する変異が受け継がれ、親から子に伝わると想像してほしい。すると、子孫を多く残すことにつながるそれらの特性は、自然に選択されて各世代で増えていくだろう。多くの世代を経ると、自然選択によって変化が生じ、十分に長い時間があれば、ダーウィンが『種の起源』を締めくくる次の文のようになる。「非常に美しく非常にすばらしい生物種が果てしなく生まれてきた。そして今も生まれている」[10]

短い世代時間――寿命の進化的な意味

ウエストミンスター寺院は、生存を賭けた闘いの証でもある。なぜなら、この建物の内部では、死がどれほど強大な力なのかを目の当たりにさせられるからだ。今から一〇〇〇年以上前に建設されたこの寺院に足を踏み入れると、計り知れない時間に比べて人生がいかに短いかを思い起こさずにはいられない。近年までは、病気が若い命や才能を奪う最大の原因だった。それはまったく誇張ではなく、詩人のコーナーで称えられている人びとが仮にその場で生き返ったとしたら、かなりの割合が結核病棟行きになるほどだ。[11] ジョン・キーツ(一八二一年没)は結核によって二六歳で亡くなった。その病気は、ブロンテ三姉妹の少なくとも二人に加えて、気まぐれな兄弟のブランウェルや、エリザベス・バレット・ブラウニング(一八六一年没)、D・H・ローレンス(一九三〇年没)も死に追いやった。アレキサンダー・ポープ(一七四四年没)は、結核と関連する成長阻害や生涯続く病気に苦しめられた。文筆家ではほかに、ロバート・バーンズ(一七九六没)、ヘンリー・デービッド・ソロー(一八六二年没)、ワシントン・アービング(一八五九年没)も結核を患った。結核を引き起こす細菌は、ヒトゲノムに進化の跡を残している。[12] 結核にとりわけさらされてきた人間集団では、自然選択によって結核抵抗性遺伝子の出現頻度が上がっているのだ。実際、ヒトゲノムには、病気から私たちを守る役割のある遺伝子がちりばめられている。すべては、過去にその病気が流行したことによって起きた自然選択の産物だ。[13]

出産にかかわる死亡は、かつてはごくありふれており、階級による差はなかった。[14] ヘンリー八世の母と六人の妻のうち二人は、出産に伴って亡くなった。細菌性の病気である猩紅熱《しょうこうねつ》は、裕福な家庭の子どもも、そうでない家庭の子どもと同じように命をさらっていった。ルイーザ・メイ・オルコットの有名な『若草物語』は、時代背景が南北戦争のころで、一三歳の三女ベス・マーチは、貧しい人びとを手助けしているときに猩紅熱にかかり、あやうく命を落としかける。オルコットの世界では死がつねに存在しており、ベスが持っていた六体の人形は、すべて病人という設定だった。予防接種や抗生物質、十分な衛生設備や健康管理によって、先進国の住民は妊産婦や子どもの死を日々心配しなくてもよくなったが、発展途上国では、結核は今なお予防可能な死のおもな原因である。

科学や公衆衛生は、感染症との重要な闘いでは勝利を収めてきたが、感染症との戦争には勝っていない。細菌の世代時間（訳注：一個の細胞が分裂して二個になるまでの時間）は非常に短いので、細菌にはとてつもない速さで増殖して進化する力がある。細菌のヘリコバクター・ピロリは、通常は人間の胃で害を及ぼさずに生息しているが、胃潰瘍、さらには胃ガンの原因にもなる。人はたいてい子どものころにヘリコバクター・ピロリに感染し、治療しなければ、その人が生きているうちに、その細菌は体内で遺伝的に異なる系統に進化する。[15] 人口の半分はこの細菌を保有している。もしあなたと私が二人とも感染していたら、私の細菌は、あなたの細菌とはほぼ間違いなく違う系統だ。寿命の短い病原菌には迅速に進化する能力があることによって、ピロリ菌や結核菌をはじめ多くの細菌で、抗生物質が効かない遺伝子の出現につながっている。これらの遺伝子は広がる。なぜなら、これらの遺伝子を持つ細菌は、抗生物質で退治しようとする人間の取り組みをくぐり抜けることができるからだ。しかし、さらに悪いのは、抗生物質耐性遺伝子が、関係のない細菌に伝達されうることだ。そのせいで、抗生物質への抵抗性は急速に広がることがあり、それらが組み合わさると、医師の口から決して聞きたくない「多剤耐性」を細菌は持つことになる。

人間以外の動物は異なる種類のヘリコバクター菌（ヘリコバクター属の細菌）を保有するが、不思議なことに、人間に感染するヘリコバクター・ピロリと遺伝的に最も近いヘリコバクター菌を保有する動物は、そう思われがちなチンパンジーやサルなどのヒトに近い霊長類の親類ではなく、チーターやライオン、トラといった大型ネコ科の動物だ。このヘリコバクター菌の祖先は、人類がまだアフリカの各地で暮らしていた約二〇万年前に、人類から大型ネコ科に飛び移ったと推測されている[16]。当時、大型ネコ科に対する恐怖が、私たちの祖先に胃潰瘍をもたらしたのは間違いないだろう。だがヘリコバクター・ピロリのおかげで、人類はその仕返しができたらしい。

病気を引き起こす細菌を見ると、寿命の進化的な意味がわかってくる。じつは細菌に大きな強みを与えるのは、短い寿命そのものではなく短い世代時間だ。寿命とは、誕生から死までの平均的な時間を意味する。一方、世代時間とは、誕生から子どもをもうけるまでの時間を指す。細菌は分裂によって増殖するので、細菌にとっての寿命と世代時間はまったく同じであり、三〇分しかないこともある。人間の世代時間は二〇～二五年ほどだが、寿命は七〇～八〇年だ。

短い世代時間は進化の車輪を速く回すので、迅速な進化が可能になる。それが、細菌が抗生物質のような新たな課題にすばやく対応できる理由の一つだ。しかし、こうした適応能力を無視しても、短い世代時間には数字上の利点がある。進化のゲームで勝利を収めるのは、最も多くの子孫を残す個体だ。そして、世代時間が短いと子孫の増える速度が上がるので、大きな強みとなる。寿命の長い生物が、難しいティーンエージを経験しているあいだに、寿命の短い生物は赤ん坊をもうけ、赤ん坊たちがそのまた赤ん坊をもうけていく。だが、ここに謎が潜んでいる。世代時間が短いことがそれほど有利ならば、なぜその特性が生物に広く行き渡っていないのだろう？

本書で私が作り出したモザイクは、互いにつながった一連の謎によって形作られている。今挙げた寿命の謎は、そのなかの一つめにすぎない。これらの謎を解くには、多くの不思議な事実や独創的な主張が必要となる。たとえ、あなたが自分自身の種《しゅ》にしか関心がなくても、第2章では、なぜ私たちがみな細菌のように短命ではないのかに対する答えが、多くの種の比較から見いだせることがわかるだろう。というのは、それぞれの種は進化における一つの実験のようなもので、何かしら新しい知識を教えてくれる可能性があるからだ。そして、第3章では「老化とは何か、そして、老化をなくすことができれば私たちは何歳まで生きられる可能性があるのか？」について問う。第4章では、寿命に対する遺伝の影響を調べ、あらゆる生物が共通して持つ特定の遺伝子をいじれば寿命を劇的に延ばせるという驚くべき事実を明らかにする。

古代ギリシャの哲学者アリストテレス（紀元前三八四〜三二二年）は、自然界を直接観察したことによって「最初の生物学者」とも呼ばれており、寿命についてきわめて鋭い指摘をした。植物が最も長寿の生物である理由は、「絶え間なくみずからを蘇らせるので、長期間にわたって持ちこたえる」ことができるからだと述べたのだ。第5章では、ジャガイモから巨大なセコイアまで、どうやって植物は、ごくわずかな動物にしかできないことを成し遂げるのかという謎を扱う。そして、遺伝子組み換えで寿命を延ばせることや、一部の植物が事実上不死に見えるといった知識を携え、第6章で最大の謎に取り組む。それは、なぜそもそも死があるのかという問題で、もっと正確に言えば、「自然選択は、生き延びて子孫を増やす生物を好むのに、いったいなぜ老化や死を許容するのか？」だ。第7章では、タイヘイヨウサケのように、自殺行為に走る生物種から提起される大きな問題、つまり「死は適応を助けられるのか？」を探る。そして最後の二章では、どのように老化が分子レベルで起こるのかにかかわる複雑に入り組んだ謎に行き着く。体が年を取るにつれて、じつに多くのことが悪い方向に進むので、尋ねるべき適切な問題を選ぶことすら難しくなる。しかし、こうしためちゃくちゃな状態にも意味があるのだ。以上が、私のモザイクを構成するばらばらなかけらの概要である。かけらがどのように組み合わさって壮大なパターンになるのかをご覧になりたければ、「読者閣下」のためにカーペットを巻き上げるので、どうぞ私について来てほしい。

第2章　寿命

生物によって寿命が違うわけ

それで人生とは何なのか？　流れ落ちる砂時計
朝日から後退しつつある霧
今なお夢を繰り返す忙しいざわめき
その長さは？　一瞬の間合い、一瞬の想い
そして幸せは？　流れに浮かぶ泡
捕らえようとする間に小さく無になる
——ジョン・クレア「人生とは何か？」[1]

田園詩人で博物学者でもあったジョン・クレア（一七九三～一八六四年）がこれらの言葉を書いたとき、彼のような農業労働者の人生は、まさしくトマス・ホッブズが『リバイアサン』で述べたように「貧しく、卑劣で、粗野で、短い」ものだった。だがそんな人生でも、ほとんどの生物に与えられている運命と比べれば長寿の極みだ。進化の観点からすれば、長寿にはほとんど利点はない。自然選択は、子孫を残すことに役立つ遺伝的な特徴を優遇するので、短命や早期の生殖を促す遺伝子がすばやく広がると考えられる。なぜなら、そのような遺伝子を持つ個体の子どもが増え、次にまたその子どもが増え、というように子孫が代々増えていくからだ。一方、寿命を延ばしたり成熟を遅くしたりする遺伝子を持った生物は、そのような遺伝子を子孫に伝えるのが遅いので、早々といなくなってしまうだろう。それは単なる計算の問題だ。たとえば、銀行が二つあって、預金に複利で利息がつくとしよう。さて、月利五パーセントの銀行と年利五パーセントの銀行では、どちらにお金を預けたほうが増えるだろうか？　一カ月五パーセントの複利だと、一〇〇ドルを預けたら一年後には一八〇ドルほどに増える。つまり、利息がつくのが遅い銀行だと一年に五パーセントの複利で五ドルしか増えないのに比べて、一六倍もの利息を得られることになる。短命と早期の繁殖によって生物にもたらされる利点は、まさにこのようなものだ。それはそうと、もし一カ月複利で二パーセントでも利息がつく銀行があったら、ぜひ私に教えてほしい。

以上からわかるように、長寿をめぐる謎は、なぜ私たち人間がそんなに早く死んでしまうのかということではなく、むしろなぜ私たちはそんなに長生きするのかということになる。もちろん解答はあるが、それが進化によって見いだされるまでに二七億年以上もかかったので、生命が誕生したころから調べていく必要がある。進化の最初期に出現したのは、単純で細菌のような生物だった。そして地球上の生命の歴史を見渡してみると、ほとんどの時代にはそのような生物しかいなかった。化石記録によれば、最初の生命らしきものは今から約三五億年前に現れ、それからの二七億年にわたり、地球の住民は微生物だけだった。世界で最も短い詩とされる「微生物の古代記」では、この事実が簡潔に称えられている。

Adam（アダム）
Had' em（ハデム）。
（訳注：アダムはそれら［微生物］を持っていた、という意味）

これらの微生物は単細胞生物で、最も複雑なものでも、同一の細胞が鎖状に連なっているか層状に重なっているだけだった。今日、私たちが「生物」と聞いて普通に思い浮かべるものは何でも、言い換えれば肉眼で個体として見える大きさの生物はすべて、過去八億年のあいだに進化してきたのだ。

という次第で、長寿をめぐる謎の解答の一部は、ずっと長いあいだ謎などなかったということだ。地球の歴史の大半で、生物はほとんどすべて単細胞だった。[2] そして、ともかく短命で速く増殖できた可能性がある。今日でも、微生物は数のうえではほかの追随を許さない。あなたの体に生息している細菌細胞や真菌細胞の数は、あなた自身の体の細胞と比べて少なくとも一〇倍ある。[3] アメリカの詩人ウォルター・ホイットマンは、「ぼく自身の歌」（一八五五年）で、「ぼくは大きい、ぼくは多くのものを含む」と書いている。[4] もっとも、それがいかに真実を突いているのかを彼が知っていたはずはないが。

生命の系統樹には、太い枝が三本ある。二本は真正細菌と古細菌で、両方とも微生物のみからなる。三本めの枝は真核生物で、ヒトはその枝から最近派生した小さな枝にすぎないわけだが、この真核生物にも単細胞生物がたくさんいる（図1）。微生物は、遺伝子や生化学的な特性といった面で驚くほど多様性に富んでいる。それらは地球を独占していた時代に、考えられる限りの生活手段をうまく進化させた。たとえば、光合成で太陽エネルギーを獲得する、日光の届かない深海で硫黄を利用する化学反応からエネルギーを得る、イエローストーン国立公園の卵がゆだるほど熱い温泉のなかで生きながらえる、南アフリカにある金鉱の地下約三〇〇〇メートルに埋まった岩のなかで生き延びるというように。[5] その後、多細胞生物が遅まきながら頭角を現すと、多細胞生物の内部と表面の両方で、微生物にとって新たな機会が拓かれた。消化管で食物を処理する微生物がいなければ、ウシが草を食べて生きることも、シロアリが木材を餌とすることも、そ

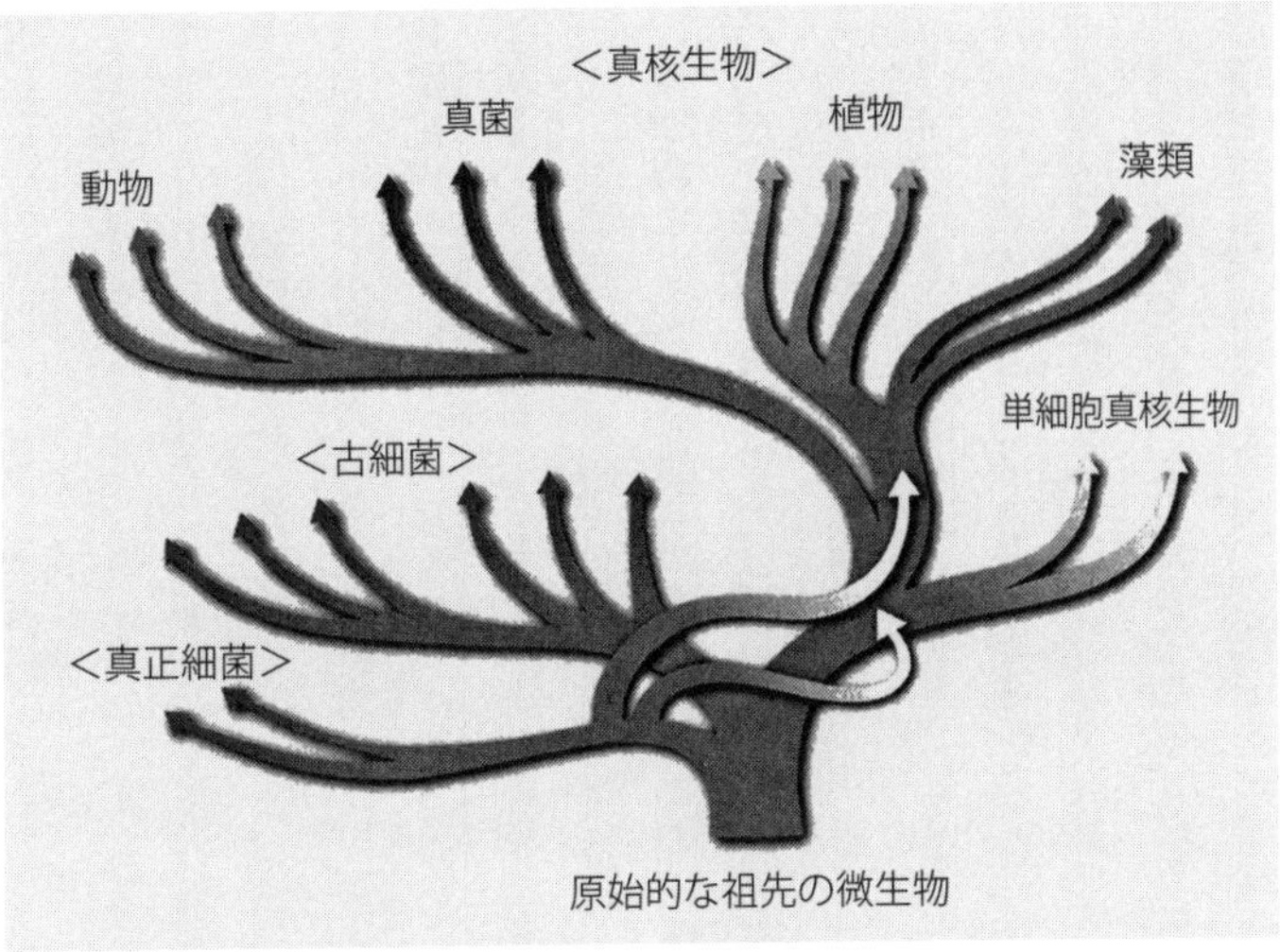

図1　系統樹。古細菌、真正細菌、真核生物という主要な３本の枝を示したもの（ジョナサン・シルバータウン『99％サル』から引用）。

れに人間が生きることもできないだろう。[6]

さて、単細胞生物のままで大きくなろうとしても限界がある。知られているなかで最大の細菌は、「硫黄の真珠」を意味するチオマルガリータだ。それはナミビア海岸沖の泥のなかに棲んでいる細菌だが、最大とはいえ、大きさは英語のピリオドの「.」くらいしかない。[7] その後、才能あふれる原始的な微生物のなかからついに多細胞生物が出現し、生物はより大型の体と長い寿命を持てるようになった。ただし、これらの生物もみな、依然として小さな細胞の連合体だ。女優で歌手のライザ・ミネリは「人生はキャバレーさ、旧友よ」と歌ったが、それは違い、むしろこう言える。「人生はアパートさ、旧友よ」

多細胞のメリット、デメリット

生命そのものは単一の細胞で始まったが、私たち一人ひとりの人生も、そのようにして始まる。つまり、受精卵という単一の細胞が出発点だ。その細胞は分裂し、胚（訳注：受精卵が発生を始めた初期段階の個体）が成長する。その過程は、細胞同士が大いに協調しながら進むが、親から受け継いだ計画にたいそう忠実なので、親と子どもは家族としてよく似ることになる。多細胞生物が協力的な細胞からなるアパートだという事実は、生物が長生きするために重要な点である。多細胞のメリットは、生物が新しい細胞を用いて、損傷を受けたりガタがきたり病原体に感染したりした細胞を作り直せることだ。それに、専門化した免疫細胞が病原体を認識し、飲み込み、破壊することで、感染と戦う。すなわち、多細胞生物には修復設備や細胞の自衛隊や医療団がそろっており、それらはすべて生物の命を延ばすことに役立つ。

一方、多細胞にはデメリットもありうる。それは、一部の細胞が、成長や修復のために本来の分裂能力を保たなくてはならないが、これらのいわゆる幹細胞が野放図に増殖するとガンが発生することだ。細胞分裂に抑制がきかなくなると、命を縮める恐れがある。アメリカ人の約四人に一人はガンで死亡する（訳注：日本人は約三人に一人）。多細胞生物は細胞増殖を抑制してガンを防ぐメカニズムをいくつも備えているが、これらのメカニズムが効果を発揮するかどうかは、最終的に交通管制所というか、細胞分裂の暴走を止めるブレーキとして機能する遺伝子の働きにかかっている。

多細胞生物はどれも、まるでサンフランシスコ湾への死のダイブで終わる急坂に停めた車のようなものだ。事故を防ぐための予防措置はいくつも設けられている。サンフランシスコには地方条例があり、坂道で車を停めるときには、ハンドルを切って車輪を歩道側に向けなくてはならないと定められている。さらにパーキングブレーキがあるので、シフトレバーを「パーキング（P）」に入れ、トランスミッションを利用してタイヤを固定するのだ。細胞には、分裂の暴走を止めるための仕組みが車よりもたくさん備わっている。だが、いかんせん細胞は何十兆個もあり、それぞれが細胞分裂の産物だ。そのため、ある人にガンが発生する危険性は、足元のおぼつかない坂道でバランスを取っている車だらけのサンフランシスコの街が一〇〇〇もあるなかで、車の暴走が一回でも起こる可能性のようなものと言える。だから、ほとんどの人では死亡時に、たとえ直接の死因ではないにせよ腫瘍が体内にあるのも不思議ではない。私たちは細胞分裂という圧倒的な数学の力に直面しているのだ。

野放図な分裂によるガン細胞の増殖がどんなにすごいものかは、子宮頸ガン患者のヘンリエッタ・ラックスにちなんで名づけられた「ヒーラ細胞」という細胞株によって示される。ヒーラ細胞は、もともと一九五〇年代初期に彼女のガン組織から分離された細胞だ。ヒーラ細胞が発見されるまで、ヒトの細胞を生かして実験室の培養で分裂させることは、短期間でもできなかった。

多細胞動物から取り出された細胞は、分裂回数に固有の限界があるらしく、それに達すると死んでしまう。だが、子宮頸ガンの原因であるパピローマウイルスが感染したヘンリエッタ・ラックスの細胞は、教科書に書かれていることなど知ったことかとばかりに、実験室で適切な条件に置かれるとどんどん分裂し続けた。

ヒーラ細胞株はほどなく、生物学や医学の研究で重要なツールになった。ヘンリエッタが一九五一年に亡くなってからわずか一年後、彼女の細胞は新しいポリオワクチンの試験に用いられ、そのワクチンによって最終的に何百万人もの命が救われた。数年のうちに、ヒーラ細胞を供給する研究室は、週に二万チューブを発送するまでになり、そのなかには総計でおそらく六兆個もの細胞が含まれていた。ヒーラ細胞株は非常に広く普及し、みるみる増えたので、研究室で培養されているほかの細胞に混入して汚染を引き起こし、ヒトの細胞株というより微生物のような振る舞いをするようになった。進化生物学者のなかには、ヒーラ細胞は自律的な存在なので新種と認識すべきだと提唱している者が複数いる。[8] ヒーラ細胞についてはレベッカ・スクルートによって『不死細胞ヒーラ』[9]（講談社）という伝記まで書かれており、ベストセラーになっている。

腫瘍細胞ではヒーラ細胞以外にも、多細胞生物の足かせを取り払って無頼漢のように放浪し、アパート暮らしを支配する規則に縛られていないものがある。たとえば、イヌのある性病は感染性の細胞によって引き起こされ、この病気にかかった個体には、生殖器に腫瘍のような病変ができる。その病気は全世界に広がっており、あらゆるイヌの種がかかるうえにキツネでも見つかっている。だが、どの感染も同じ細胞系統によって引き起こされているようなので、原点は一つだったのだ。[10] 幸いにも、これらのイヌの性病腫瘍は数カ月以内に退縮する。おそらく宿主の免疫系に攻撃されるからだろう。免疫系は自分以外の組織を拒絶する。それは免疫抑制剤を用いなければ、人間で移植された臓器が拒絶されるとおりだ。

免疫系は、多細胞動物が感染に対抗するためのおもな防衛機構の一つだが、免疫細胞はアパートのほかの住民である友人と敵を区別するために、遺伝子特性（訳注：その人に特徴的な遺伝子発現のパターン）を必要とする。人間のような遺伝的に多様な集団では、それぞれの人が自分だけの遺伝子特性を持っているので（ただし、近い親戚のあいだでは多くの類似点があるが）、免疫系はうまく働く。しかし、血縁が非常に近い動物同士で交配が起こる集団では、遺伝的多様性がかなり減少するため、無頼の腫瘍細胞にチャンスが訪れる。たとえば一九九六年、新たな病気が突如として肉食有袋類のタスマニアデビルを襲った。生き残っているタスマニアデビルは、タスマニア島でのみ見つかる。この病気にかかった個体は顔に腫瘍ができ、死を免れない。その後、研究で衝撃的な事実が発見された。さまざまなタスマニアデビルの腫瘍から取り出された細胞が、不思議なほど似ていたのだ。そのことから、タスマニアデビルの腫瘍はほとんどのガンとは違い、異なる無法者の細胞から別々に生じたのではなく、喧嘩の最中に鼻面の接触によって個体から個体に伝染していったと考えられた。[11] タスマニアデビルのような、ある島にしかいない希少種の集団では、血縁が非常に近い間柄での交配がよく起こる。おそらくそれが理由で、タスマニアデビルは無頼の腫瘍細胞に弱いと考えられ、この病気のために今や絶滅危惧種に指定されている。[12] もしかしたら、保全生物学者が「絶滅の渦」と呼ぶプロセスに、タスマニアデビルは巻き込まれているのかもしれない。「絶滅の渦」とは、個体数が少ないために近親交配が起こり、近親交配のせいで個体が病気にかかりやすくなって個体数がさらに減り、もはや何かが偶然に起こっただけで、その種が絶滅しかねない状況になっていることを意味する。

どんな種類のガンも、長寿が、急速な細胞分裂の野放図な力を防がないと達成できない不安定なものだということを痛烈に思い出させてくれる。ガンにかかる危険性は、動物の多細胞性と、多細胞性によって得られる長寿に伴う代償だ。それにしても、なぜ細胞はならず者になるのだろう？　この問題のおもな原因は、遺伝暗号――DNAに書かれており、遺伝子の機能を調節するもの――に自然に発生する変化だ。このような変化は「体細胞変異」と呼ばれる。一個の細胞が分裂するたびにDNAが複製されるので、それぞれの新しい細胞は、もとの遺伝暗号のコピーを持つことになる。複製《コピー》されるときに間違いはめったに起こらないとはいえ、起こることはある。そして、たとえまれな出来事でも、機会が十分にあれば必ず起こるものだ。たとえば、あなたの消化管の表面にあるすべての細胞は、一週間のあいだに細胞分裂で置き換えられる――しかも二回。[13] 一つの体細胞変異だけでは、細胞分裂のブレーキを解除するには不十分だが、それでもブレーキケーブルがすり減り、そのような細胞の子孫が、ガンを引き起こす経路に足を踏み出すことになりかねない。補充用の細胞を作る消化管の幹細胞は、人が六〇歳になるまでに三〇〇〇回も分裂していることもある。この三〇〇〇という数値に、消化管の幹細胞の数である数千万を掛けてみるといい。それで、もしも突然変異が何らかの原因で抑制されなかったとしたら、人によっては、六〇歳になるころには突然変異が何百個も蓄積していることになる。とすると、六〇歳を過ぎたあとに、どうやって生き延びられるというのだろう？

ピトのパラドックス——進化とガンのかかわり

ガンは動物の多細胞性につきまとう危険性だが、それぞれの種がどれほど長く生きるかはガンによって決まるわけではなく、別問題だ。ガンによる死亡率を動物のさまざまな種で比較してみると、意外に差は小さい。たとえば、ガンによって死亡するのは、イヌでは約二〇パーセント、シロイルカでは一八パーセント、そしてすでに見たようにアメリカ人では二五パーセントだ。種による差があまりない点は、注目に値する。というのは、ガンの発生率が、種による寿命の違い——イヌの約一〇年、シロイルカの四〇年からヒトの約八〇年まで——とも、体の大きさの違い（シロイルカは一五〇〇キログラムにもなることがある）とも無関係に見えるからだ。ガンの発生率は、寿命が長いほど、そして体が大きいほど高くなるはずである。なぜなら、どちらの場合でも、制御不能の細胞分裂を引き起こす体細胞変異が生じやすくなるからだ。ガンの危険性は、寿命が長いほど細胞分裂による細胞の入れ替えが必要なので高くなるし、体が大きな動物ほど小さな動物よりも細胞が多いので高くなる。したがって、寿命が長いことや体が大きいことは両方とも、とにかく一個の細胞がガン化して致命的な結果をもたらす危険性を高めるはずだ。

では、簡単な計算をして今の考えを確かめてみよう。アメリカガン協会の記録によれば、九〇歳の人で大腸ガンが発生する確率は五・三パーセントである。[14] マウスの細胞の数は、ヒトの細胞の約一〇〇〇分の一しかない。ということは、たとえマウスが九〇歳まで生きたとしても（少なくとも実際の寿命の三〇倍だが）、マウスが大腸ガンで死亡する確率は、九〇歳の人が大腸ガンで死亡する確率の一〇〇〇分の一、つまり微々たる〇・〇〇五三パーセントしかないことになる。一方、シロナガスクジラは、ヒトと比べると体重も細胞数も一〇〇〇倍あるので、九〇歳になるころには大腸ガンで死亡する確率がヒトの一〇〇〇倍あるはずだ。それは非常に高い確率なので、実際の話、すべてのシロナガスクジラが八〇歳までに大腸ガンで死ぬことになる。だが、地球上で最大の動物であるシロナガスクジラは、今の計算から示されるように無法者の腫瘍にむしばまれた状態で海を漂っているわけではない。それにマウスについては、著名なガン疫学者のチャード・ピトが、一九七五年に発表した「マウスとヒトにおけるガンと加齢」と題する論文でこう述べている。「ほとんどの種が、高齢になると何らかのガンを患う。ただし、八〇週齢で〝高齢〟なのか、八〇歳で〝高齢〟なのかというのは別の問題だが[15]」。この所見は、今では「ピトのパラドックス」と呼ばれる。

ピトのパラドックスには、どういうわけか、長命の種は短命の種よりガンから守られており、同様に大型の種は小型の種よりもガンから守られているという意味がはっきりと含まれている。[16]もし、さまざまな種が進化する過程で、体の大型化や長寿化とともにガンの発生率が上がったならば、どの動物もマウスより長生きできなかっただろうし、ホッキョククジラも二〇〇歳という脊椎動物の長寿記録を達成できなかっただろう。[17]というわけで、ピトのパラドックスを説明する方法は一つしかない。それは、進化によってガンにかかりにくくなるということだ。この結論は、私たちをガンから守ってくれる遺伝子が長寿とも結びついているという証拠によって、今では支持されている。[18]ピトのパラドックスは、単に比較生物学上の興味を掻き立てるだけではなく、有効なガン対策を探し求めるためには動物界のどこに目を向ければいいのかを指し示す手がかりでもあるのだ。もしかすると、ウエストミンスター寺院の大敷石床には正しいメッセージが秘められており、長寿の秘密を解く鍵は、本当に巨大な海の怪獣にあるのかもしれない。

体が大きい動物ほど長寿になる？

さて、私たちは多細胞生物の世界にいるので、種によって寿命がどう違うのかを調べるとともに、なぜそうなのかを探ってみよう。長生きするためには、体が大きくなる必要があるだろうか？　動物界で体の大きさと寿命につながりがあることは、すでに二〇〇〇年以上前のアリストテレスの目にも明らかだったが、体の大きさは長寿の原因だろうか？　それとも長寿の結果で、ことによると偶然の産物だろうか？　もし、体が大きいおかげで、自分を狙う捕食者から身を守れたり、寒い冬を生き延びやすくなったりするならば、体が大きいことは長寿の直接的な原因だろう。一方、体が大きくなるには時間がかかるし、大型の体によって、生き延びることとは無関係に繁殖成功度が高まるといった別のメリットがもたらされるならば、長寿と体の大きさが結びついているのは偶然ということになる。

もちろん、直接的な原因と間接的な原因の両方によって体の大きさと長寿が結びつく可能性もある。おそらくそれが起きているのが二枚貝（ハマグリやアサリ、ムール貝、カキなど）で、それらの貝は一生のあいだ成長を続ける。殻が厚く大きくなるにつれて、殻のなかの貝はますます保護されるようになり、そのおかげで非常に長生きするのかもしれない。木の年輪（成長輪）と同じように、貝の年齢は殻に刻まれる成長輪でわかり、このような輪から、二枚貝が地球上でも特に長寿の動物であることが最近になって見いだされている。ホッキョククジラやゾウガメに匹敵するか、それらを凌ぐほどなのだ。[19]アメリカのワシントン州からカナダのブリティッシュコロンビア州あたりの海域で発見されたアメリカナミガイは、一六九歳という記録を出した。そしてヨーロッパのホンカワシンジュガイ（訳注：真珠を産む淡水生の貝）は一九〇歳に達してその記録を上回ったが、最も長寿なのはアイスランドの沿岸水域で発見された四〇五歳のホンビノスガイだ。

アリストテレスが、大型の動物は小型の動物より長生きするという結論にどうやって到達したのかはわからない。彼はギリシャのレスボス島にある潟湖で動物の実地調査をおこない、さまざまな海洋動物を解剖した。ただし、顕微鏡はおろか虫眼鏡もなかったので、現代の動物学者が魚の鱗にある成長輪を用いるようなやり方で魚の年齢を突き止めることはできなかっただろう。もしかしたら、小型の魚種のほうが大型の魚種より若いときに卵を産むのを観察したのかもしれない。この傾向の極端な例が、オーストラリアのグレートバリアリーフで最近になって発見されたスタウト・インファントフィッシュだ。その魚は七ミリほどの体長で卵を産み、わずか二カ月後に死ぬ。その大きさだと、ほかの魚ならまだ稚魚の段階だ。[20] もっともアリストテレスは、イヌやヤギ、ウマなどの家畜をもとにして知識を得た可能性が高い。

野生種の寿命にかかわる確かなデータを得るのはとても難しいが、ようやく最近になって、さまざまな種の寿命を正確に比較できるようになってきた。なかには動物園での記録に基づくデータもあるが、そのような寿命は、動物が野生のような危険な目に遭わないので本来より長いかもしれないし、囚われの身という劣悪な条件のせいで本来より短いかもしれない。さらに、多くの動物園では個体数が少ないため、推定寿命は正確さに欠ける。推定寿命を得る最もよい方法は、動物を捕獲してから標識をつけて放し、のちに多くの動物を再捕獲するフィールドワークを長く続けることだ。この方法で、脊椎動物のさまざまな種の寿命について、きちんとしたデータが集められている。

哺乳類、鳥類、爬虫類の数百種の比較から、体の大きさと寿命の相関関係にかかわるアリストテレスの考えは正しかったとわかる。ただし、正しいといっても、おおまかな一般論としてだけだ。たとえば、哺乳類のなかでは、確かに大型の種のほうが小型の種よりも平均して長生きするが、この一般的な傾向から著しく外れている例もたくさんある。[21] 有袋類（オポッサム、カンガルーなど）は、体の大きさのわりに有胎盤哺乳類より寿命が短い。一方、ヒトも含まれる哺乳類の霊長目（霊長類）は、ほかの目《もく》に属する、体の大きさが同じくらいの哺乳類より長生きする。また、コウモリも、たとえば齧歯類《げっし》（ネズミ目）などの飛ばない哺乳類よりはるかに寿命が長い。よく見かけるアブラコウモリ（イエコウモリ）は、成獣でも体重が六グラム未満だが、野生で一六歳まで生きることが知られている。それに対して、マウスは体重がアブラコウモリの四倍あるのに、寿命はせいぜいアブラコウモリの四分の一（四年）しかない。[22]

齧歯類のなかにも例外がある。ハダカデバネズミは非常に変わった生き物で、地下に巣穴を掘って家族集団で暮らす。その集団を支配するのが女王で、繁殖能力のない働きデバネズミが女王の世話をする。巣のなかのミツバチと同じような状況だ。ハダカデバネズミは大柄なマウスくらいのサイズしかないが、二八歳まで生きられる。[23] 小型の齧歯類としては驚くべき年齢だ。自分の子どもに、たとえば五歳の誕生日プレゼントでハムスターなどの小型齧歯類をペットとして買ってあげたとして、その子が三〇代半ばまでその動物を世話しなくてはならなくなるのを想像してみてほしい。その大変な経験に、あなたの孫まで巻き込まれるかもしれないのだ。ハダカデバネズミの長寿は、齧歯類が全体としてあまり長生きしないことを考えると、とりわけ注目に値する。齧歯類で最大の種はカピバラで、体重が五〇キロくらいにまでなるが、野生におけるカピバラの寿命はわずか一〇年ほどしかない。

鳥類はコウモリと同じく、体の大きさのわりにずいぶん長生きで、寿命は体の大きさが同じくらいの平均的な哺乳類と比べて約一・五倍ある。[24] もしかしたら、鳥やコウモリなどの飛べる脊椎動物は、飛んで捕食から逃れられるので長生きするのかもしれない。だが、むろん鳥類のなかでも寿命には大きな差があり、すべてではないにせよ多くは体の大きさと関連している。鳥類のなかで寿命が最も長いのはフラミンゴやその親類で、オウムもあまり引けを取らない。そして、ミズナギドリやアホウドリなどの海鳥が僅差で三位だ。[25] 驚くには当たらないが、スズメ目に属するツグミやスズメなどは、体が小さいので寿命が短い。ただし、スズメ目ではカラスが例外で、平均するとー七年以上生きる。カラスは食物を獲得するために道具を作ることが知られているし、[26]知能が高く、社会組織を作り、長寿なので、「スズメ目の霊長類」とでも呼べるかもしれない。

人間はどれほど長く生きられるか

老年学の学者は何十年ものあいだ、自分の種であるヒトのことばかり考えてきたが、今では、ハダカデバネズミやアイスランドガイといった例外的な長寿集団に属する種が長生きする要因に興味を寄せつつある。[27]私たちは霊長類として、平均的な哺乳類よりはるかに長生きするし、霊長類としても寿命が長いが、いったい人間はどれほど長く生きられるのだろう？　じつは、この答えを出すのは思ったより難しい。少なくとも二枚貝は嘘を言ったりしないが、人間はほらを吹くことがあるからだ。

ウエストミンスター寺院に葬られているなかで最も長生きした人間は、墓碑銘を信じるならトーマス・パーである。彼は、一六三五年に亡くなったときに一五二歳だったと言われていたことから、「オールド・パー」という異名で知られる。[28]オールド・パーはわずか一年のうちに、スターの座にのし上がったと思うとこの世を去った。さて、現在のように一七世紀にも、他人の名声を利用するのにやぶさかでない人びとがいた。一六三五年、第一四代アルンデル伯トーマス・ハワードは、盲目でほとんど歯もなくなっていたパーに目を留める。昔の遺物を何でも集めていた伯爵は、パーを担いかごに載せてシュロップシャー州の自分の領地から連れ出した。一行は感嘆する群衆に迎えられながら休み休みロンドンに向かい、パーは国王のお目通りを賜ったのだ。

ジョン・テイラーという詩人は、有名人の到着によってもたらされた機会を捉え、詩の形式で伝記を書いて出版した。その小冊子のタイトルは『老いたる、老いたる、いとも老いたる翁』[29]で、読者には本の主題が誰のことなのかがすぐにわかった。テイラーは、読者が確実に興味を示す出来事についてくわしく述べることも忘れなかった。たとえば、オールド・パーが一〇五歳のときに犯した「色白のキャサリン・ミルトン」との不倫については次のとおりだ。

彼女の熱情が
年老いたトーマス・パーの情熱的な思いを激しく燃え上がらせた。

テイラーの話によれば、オールド・パーは不倫から四七年が過ぎてロンドンにやって来たときでも、心身の機能をほぼ保っていたという。

彼は元気よく話し、笑い、ほがらかだ。
エールを飲み、ちょくちょくシェリーを一杯引っかける。

仲間との集いを好み、話を理解し、
それから（両脇を支えられて）ときには歩く。
（中略）
というわけで（私の鈍くてお粗末な創造力にできる限り）
私はこの気の毒な老人を細かく分析《アナトマイズ》してきた。

この話がめでたく終わることはなく、ロンドンでの贅沢な暮らしか公害が響き、オールド・パーはその年を越す前に亡くなった。それまでジョン・テイラーによって細かく分析されてきたパーは、死んでからは、当時最も有名だった外科医のウィリアム・ハーヴィによって解剖《アナトマイズ》された。なお、ハーヴィは血液が体内を循環することを発見した人物である。

さて、誰だっておもしろい話に飛びつくものだ。ジョン・テイラーによるトーマス・パーの伝記は何度も増刷され、主人公のパーは伝説になる。それから二〇〇年後、パーの話はさらに潤色され、『トーマス・パーの並外れた人生と時代』というタイトルの小冊子に生まれ変わった。この本では、折しもオールド・パーの遺言状が発見され、そのなかに長寿の秘訣が書かれているとされていた。秘訣とはハーブを調合した薬で、「パーによる健康、体力、美貌のための人生の薬」という商品名で買えるとのことだった。この秘薬は、一九〇六年の時点でまだ広告されていた。

一七世紀には、寿命を延ばす方法を見いだすことに哲学者が強い関心を寄せるようになった。フランスの哲学者ルネ・デカルト（一五九七〜一六五〇年）は四一歳のとき、髪に白髪が混じってきたのに気づき、突然、寿命を延ばすことで頭がいっぱいになった。死について科学や常識からわかることはさておき、人間の心は、自分の消滅となるとなかなか理解できないものだ。デカルトは、旧約聖書に登場するアダムやノアなどの人類の祖たちほど長生きすることは可能なはずだと自分に言い聞かせ、周囲にも自分がすっかりその気だという印象を与えたが、まだ五三歳のときに肺炎でこの世を去った。当時の冷淡な新聞は、次のようなコメントを載せた。「好きなだけ長生きできると豪語した愚か者が死亡した」

一七世紀には、ほかの自然哲学者も長寿に興味を抱いたが、残念ながらルネ・デカルトと同じように、自分の研究で自分の命が延びることにはならなかったようだ。「知識は力なり」という名言を残したフランシス・ベーコン（一五六一〜一六二六年）は、『生と死の歴史：寿命の延長』を著した。彼はそのなかで長生きした人びとを分類し、どうやって彼らを見習えばいいかについて提言をおこなった。[30] だが、ベーコン自身は六五歳で亡くなった。死因はやはり肺炎らしい。ニワトリの腹に雪を詰めたら腐敗を防げるかどうかを見る目的で即席の実験をしているときに風邪を引き、それから肺炎を起こしたようだ。ついでながら、もちろんベーコンの発想は正しかった。約二〇〇年後、クラレンス・バーズアイ（一八八六〜一九五六年）が食品の急速冷凍技術で特許を取得し、富を築いている。

ロバート・フック（一六三五〜一七〇三年）は、顕微鏡で観察したものを載せた先駆的な書籍を出版し、自分がスケッチした小さな部屋を言い表すために「細胞」という言葉を造った。この博識家のフックは、なぜ、もはや誰も旧約聖書に記録されているような高齢まで生きる見込みがないのかについて、難はあるにせよ独創的な説明をしている。[31] フックは、アダム（九三〇歳）、メトセラ（九六九歳）が到達した年齢や、彼らよりあとの時代に登場するアブラハム（一七五歳）の年齢でさえ、フックの時代より短い一年の単位で測られていると述べた。その理由は、聖書の時代以来、地球の公転が摩擦のせいで遅くなり、一年の期間が長くなったからとのことだ。もしそうなら、人類の祖たちは、短い年の単位で寿命が測定されたため、長生きしたように見えるだけということになる。

さて、一五二歳に迫るほど生きた人間の記録はまったくないので、オールド・パーの主張は眉につばをつけて受け止めるべきだろう。だがパーは、ウエストミンスター寺院に金持ちや有名人に交じって葬られた唯一の農業労働者という点では高貴で確かな栄誉の持ち主だ。今から四〇〇年前の農業労働者の人生は、一般にひどく辛いもので残酷なまでに短かっただろう。今日でも、肉体労働従事者の寿命は、社会的地位の高い人びとの寿命よりも短い。とすると、世界で最も長寿の人びとがいるとする多くの主張が、困難な暮らしが営まれている辺鄙な貧しい農村で見いだされているのはなおさら不思議だ。それではまるで、エデンの園で失われた楽園が人里離れたどこかの山岳地に見つかり、実直な労働と質素な暮らしが年齢に打ち勝つかのようではないか。
「スース博士」の筆名で知られる不朽の作家ガイゼルは、子ども向けの本を数多く出版しているが、一冊だけ大人向けに『年を取るのは一度だけ！』という本を書いた。そのなかで彼は、普通の場所に住んでいるお年寄りの気の毒な状態と、自分が想像した仮想のシャングリラで暮らすお年寄りの状態を比較している。

あの緑豊かな牧草地の広がるフォッタ・フェ・ゼー山地では
一〇三歳でも
みな元気。
なぜって、彼らが吸い込む空気には
カリウムが含まれていないし
彼らはトゥッタ・トゥウット・ツリーから取れた
木の実をよく噛んで食べるから。
それで歯は丈夫になり
髪は長くなり

彼らは医者いらずで
介護も受けずに暮らしている。[32]

スース博士が思い描いたフォッタ・フェ・ゼーは、エクアドルの山間部にあるビルカバンバ村がヒントになったのかもしれない。かつてビルカバンバは、超百寿者（一一〇歳以上の人）が元気に暮らしているアンデスのシャングリラと称えられた。『ロス・ビエホス：聖なる谷が教える長寿の秘訣』の著者グレース・ハルセルによれば、彼女はビルカバンバを訪ねて「仲間に入れてください」と村人たちに頼んだそうだ。[33] 彼らはいろいろな点で彼女を手厚くもてなした。自称一一〇歳のマヌエル・ラムーンは、ヤギのように木登りをした。ミカエラ・ケサダは、自分は一〇四歳で処女だと誇らしげに語った。ガブリエル・エラソは、一三二歳の今も二〇歳のときと変わらず性的に興奮すると自慢した。この手の話のおかげで、ビルカバンバはしばらくのあいだ老化研究のメッカとなる。だが、ビルカバンバの文書記録は当初、超高齢との主張を支持するものと思われていたが、結局それらには欠陥のあることがわかった。[34] 高齢者のなかで誰一人として一〇〇歳にも達しておらず、彼らの平均年齢は、実際には八六歳だったのだ。ビルカバンバと近くの町の人びとの寿命を比較した研究からは、どちらにも差がなく、平均してアメリカ人の寿命より一五〜三〇パーセント短いことが明らかになった。[35]

パキスタンや中国、アゼルバイジャンの僻地をはじめ世界各地で、シャングリラとされた場所が、もともと小説で描かれた架空の理想郷《シャングリラ》と同じで、誇張と軽信のうえに築かれた虚構だったということが次から次へと判明している。[36] ギリシャでは二〇一〇年という最近になって、超百寿者に給付される年金の受給者五〇〇人のうち、三〇〇人が実際には死亡していることが政府の調査でわかった。アメリカでは、死亡時に一一〇歳を超えていたと記録された人のなかで、本当に超百寿者だったことを証明できる人は二五パーセントに満たない。超高齢だとする主張の真偽にかかわる判断をよく求められたギネスブックの編集長は、次のように述べている。「人間の極端な長寿ほど、虚栄心や欺瞞、虚言、意図的なごまかしのせいで不明瞭な話題はない」

作り話の紹介はこれくらいにしておくが、事実はどうなのだろう？　私が本書を執筆していた時点では、年齢が立証されている最高齢の人はジャンヌ・カルマンというフランス人女性で、彼女は一九九七年に一二二歳五カ月と二週間で亡くなった。[37] ちなみに、彼女が生まれ育ったフランス南部のアルルは、フィンセント・ファン・ゴッホが特に有名な絵を何枚か描いた場所で、カルマンは一三歳のときにゴッホと会っている。一方、年齢が確認されている最高齢の男性はクリスチャン・モーテンセンというデンマーク系アメリカ人で、一九九八年に一一五歳で亡くなった（訳注：二〇一二年に一一六歳で亡くなった日本の木村次郎右衛門によって、最高齢の男性の記録は塗り替えられた）。長寿の上位二〇人のなかに男性は二人しかおらず、モーテンセンはそのうちの一人だ。

このような高齢のなかでも特に高齢の人の多くは、一〇五歳を過ぎるとだんだん体が弱くなるが、ジャンヌ・カルマンは違った。彼女は九〇歳のときにある弁護士と契約を交わした。その弁護士は、彼女が亡くなったら家を譲り受けるという条件で彼女に年金を払うことに同意したのだが、年金を三〇年にわたって支払い続けたのち、七七歳で彼女より先にこの世を去ってしまった。ジャンヌは一一〇歳のときに介護施設に移ったが、それは病気のためではなく、自宅が火事で焼失しそうになったからだ。非常に寒い一月のある日、ボイラーの水が凍ってしまった。そこで、彼女は火を灯したろうそくを持ってテーブルに登り、氷を解かそうとしたのだが、火の始末ができなかったのだ。ジャンヌは施設に移りたがらなかったが、この一件の滑稽な面を見て取ったに違いない。というのは、彼女が書いた長寿の秘訣には、「ユーモアのセンスをつねに持つこと。長生きの理由はそれ。私は笑って死ぬと思う」とあるからだ。彼女は高齢のおかげで有名になったことを大いに歓迎しており、ジョークを飛ばすのも好きで、こんなことを言っている。「これまでに皺は一つしかできなかったけど、私はその皺の上に座っているの」

健康な高齢者のあいだには共通点が案外少ないが、みな陽気なユーモアのセンスを持っているのは確かなようだ。ジャーナリストのダン・ビュートナーは、『ナショナル ジオグラフィック』誌の仕事でサルデーニャ島を訪れた。そして、島の高齢者が健康を保っている鍵についての記事を書くため、セバスチャンという名の九一歳の羊飼いにインタビューを試みたが、手を焼く羽目になった。「私は彼に近づき、年齢を尋ねて会話を切り出した。〝一六歳だよ〟と、彼はからかうような笑みを浮かべながら答えた。彼に一杯おごったら雰囲気を変えられるかもしれないと考えて、飲みますかと訊いてみた。〝いいや。医者から飲むなと言われたんでね。牛乳のことだが[38]〟」。ということで、ビルカバンバのほら吹き老人たちも、インタビューしてきた人びとをかついで大笑いしたのではないかと、私はにらんでいる。

これらの高齢者が笑うのもわかる。何しろ、彼らのおかげで私たちヒトは、例外的な長寿動物の仲間に入るからだ。それらの種は、近い親類よりも、さらに言えばより大型の親類よりも長生きする選り抜きの一団だ。これら長寿動物の博物館で、ヒトはコウモリやフラミンゴ、ハダカデバネズミ、アイスランドガイ、ホッキョククジラとともにガラスの向こう側に並んでいる。この長寿集団に最も新しく加わったのが、「類人魚」とも呼ばれるホライモリだ。この動物は霊長類でも魚類でもなく、じつは体重が二〇グラムほどしかない小さな盲目のサンショウウオの仲間に当たり、東ヨーロッパの洞穴で見つかる。ホライモリは一〇〇年以上生きると考えられている。体の大きさが一〇〇〇倍ある種を含めて、ほかのどんな両生類もかなわない記録だ[39]。

本章では、思わせぶりにさまざまな謎を挙げながら、多くの事実を提示してきた。ここでいったんまとめてみよう。まず、進化は二七億年にわたり、長寿の多細胞生物がいない微生物の世界に甘んじていたらしいという不思議な事実がある。進化がこんなに遅々とした歩みだったことは、単細胞生物より大きくて複雑な生物を作り出すのはそもそも難しいということを示しているだけかもしれないが、短い世代時間という進化上の大きな利点のおかげで微生物がほぼ無敵の強みを得たのも確かだろう。私たちはいまだにそれと戦っているくらいだ。その後、アパート状の多細胞生物がついに現れると、それらの生物を構成する細胞は制御され、各種の作業に振り向けられた。それによって生物は、成長し、防御し、修復するための手段を獲得し、もちろん最も重要な子孫作りの手段もできた。こうした労働の分担によって、生物は寿命を延ばせるようになったが、それには代償もあった。代償とは、少なくとも動物で言えば、自分自身への寄生生物のような無法者の細胞によってガンが引き起こされる危険性である。

一見すると、大型の生物ほど寿命が長いようだ。一つの理由は、大きな動物のほうが、小さな動物よりもガンを予防できるからだが、体の大きさと長寿には相関があるとはいえ、例外も少なくない。たとえば、ハダカデバネズミやホライモリは、より大型の親類よりはるかに長生きする。私たちヒトの寿命も、体の大きさから予想される寿命より長い。この謎にはのちほど取り組むつもりだ。人間が正確にどれだけ長く生きられるかという問題は、昔から伝説や誇張した愉快な話のネタになってきた。それでも確かなのは、オールド・パーにせよ年老いたオウム（オールド・パロット）にせよ、私たちはみな年を取ると衰えるという憂鬱な事実である。

第3章　老化

超高齢になると老化が止まる

そして夏が幾度も巡ったのちに白鳥は死を迎える。
無慈悲な不死は私だけを衰えさせる。
私は貴女の腕に抱かれてゆっくりと萎びていく、
この世界の静かな果てで、
白髪頭の影が夢のごとく彷徨う
――アルフレッド・テニスン卿「ティトノス」[1]

願い事をするときには、その内容に気をつけたほうがいい。もしも、それが運命の手によってかなえられたら、とんでもないことになりかねないからだ。古代のギリシャ神話では、そのテーマが繰り返し登場する。たとえば、かつてティトノスという男性がいて、曙の女神エオスに見初められた。[2] エオスはその若者に強烈な欲望を抱きながら、ティトノスのきょうだいであるガニュメデスも誘惑した。どうやらギリシャの神々は、人間が持つ弱みをすべて持っていたようで、しかもそれらが極端だった。だから、不特定多数の相手と関係を持ち、嫉妬し、喧嘩好きで、執念深く、いかにも死を恐れない者らしく危険な行為に走る傾向があった。そんな神々が特に衝突したのが、自分がほしい選り抜きの人間についてだ。エオスは、神々の王ゼウスからガニュメデスを取り上げられたので、その埋め合わせとして、残された愛人のティトノスに永遠の命を授けてほしいとゼウスにせがんだ。ゼウスはエオスの願いに応えてやったが、エオスはやがて、そうしてもらったことを後悔する羽目になる。年月が経つにつれて、ティトノスは老いていったのだ。髪には白髪が増え、体は皺だらけになり、声はか細くて哀れっぽくなった。

遅きに失したが、エオスは不死ではなく不老をティトノスに与えてくれるようゼウスに頼むべきだったと気づいた。ティトノスの運命は、老化と長生きの違いを思い起こさせてくれる。老化とは、生涯を通じて生物学的機能が衰えることを意味する。老化は死の危険性をだんだん高め、寿命を制限する。老化と死が切り離せるのは、神話のなかだけだ。詩人のアルフレッド・テニスン卿は、老いぼれたティトノスのエオスに対する泣き言を想像し、ティトノスが不死の呪縛から解放されて「死ぬ力を持った幸せな人間」に再び仲間入りできるように嘆願した。

というわけで、もし長寿を望むならば、単なる寿命の延長ではなく健康な寿命の延長を望むべきだ。それも早いほうがいい。なぜなら、老化は思ったよりずっと早く始まるからだ。機知に富むアメリカの詩人オグデン・ナッシュは、さまざまな状況についての詩を作っており、老化を次のように語った。

老化が始まる[3]
そして中年が終わる
あなたの子孫が
友人より多くなった日に。

あいにく、この詩はあまりにも楽観的だ。老化は、人が中年になるよりはるかに前から始まる。おそらく、思春期が訪れ、あなたが子どもを作ったり生命保険について考えたりすることができるようになったらすぐだ。だがむろん、セックスより死について考える若者がいたら、ファイナンシャル・アドバイザーではなく、急いで精神科医に診てもらったほうがいい。

老化が死亡率に与える影響

老化の始まりや、大人になってから老化が進行する様子は、老化が死亡率に与える影響を通じ

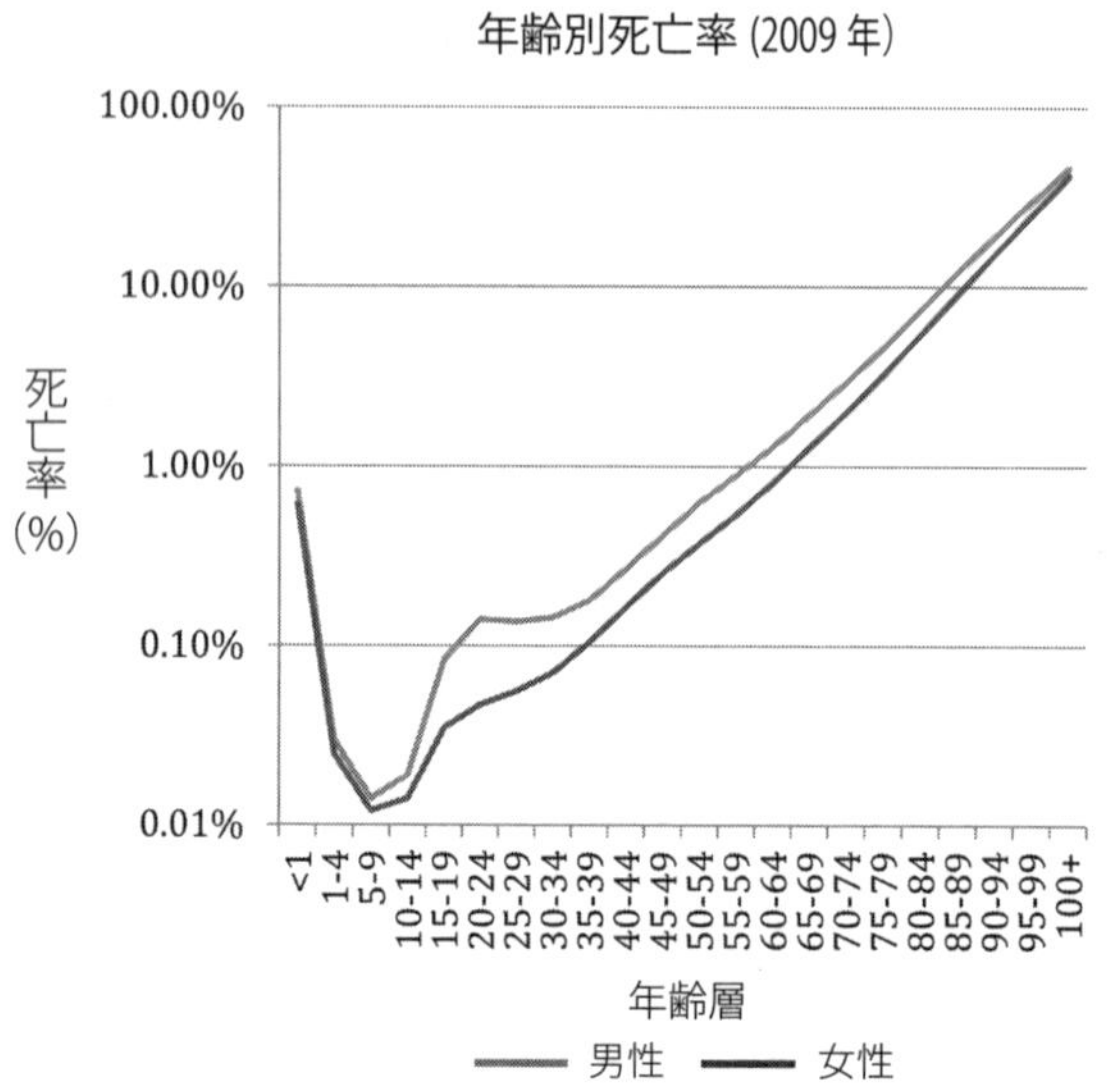

図２　アメリカ人の年齢別死亡率（2009 年）。その年齢で死亡する確率として算出したもの（世界保健機関のデータより）。

てたどることができ、それは一般にパーセントで測定される（図２）。たとえば、二〇〇九年に測定された死亡率によれば、五〇歳のアメリカ人男性が五一歳になるまでに死亡する確率は、約〇・六パーセントだ。[4]

グラフからわかるように、死亡率は、生後すぐのころには高いが（新生児死亡率）、それ以降は下がり、一五歳ごろまでは上がらない。だがその後は、どの人間集団でも、そして実際には生殖成熟に達したほとんどの動物種で、死亡リスクは年齢とともに高くなる。大人の死亡率がどれほど急速に上昇するかということが、老化を示している。

老化による体調不良や病気は個々の人に起こる生物学的な現象だが、それらの死亡率に対する影響を集計すると、老化は統計的な現象にもなる。老化研究の第一人者レオナルド・ヘイフリックは、「老化が統計のおもな要因の一つだということは、今や疑いなく証明されている」[5]というジョークを言ったが、統計の対象にかかわる歴史を探れば、ヘイフリックの発言は実際にあながち間違いでもないとわかる。老化は、本当に統計学の発展を促したおもな要因だったのだ——ただし、その理由は意外なものだが。死亡統計は今日、科学的根拠に基づく医療に欠かせないツールだ。たとえば、喫煙と肺ガンの関係は死亡統計によって明らかになった。しかし、死亡率と老化にかかわる初期の研究は、そうした医療目的で利用されるより何百年も前におこなわれている。そのような研究は、医学的というよりむしろ金銭的な目的でおこなわれた。動機となったのは、はっきり言って人生にはリスクがあるという事実だ。その歴史をくわしく知ったら、老化は統計的な現象だということがどのように見いだされ、老化がどうやって測定されたのかが明らかになる。

一八世紀の啓蒙時代までは、人生のあらゆる面で何が許され、何が許されないのかを教会が規制していた。それは経済的な面についても同様で、禁じられていることの一つに、お金を貸して利子を取る高利貸しがあった。[6]利子を禁じるという原則は、現在でもイスラム法では生きているが、中世のヨーロッパでは、聖書によって戒められ、アリストテレス哲学によって批判され、自然に反することだと考えられていた。利子は時間が経つほど膨らむので、利子を得ることは、本来なら神のみが司る時間そのものを売って生計を立てるのにも等しいと見なされたのだ。教会や聖職者は、自分たちに好都合なときはこの原則をしばしば無視したが、聖職者以外の俗人のあいだでは、高利貸しは許されなかった。そのため、お金を貸したいと思う人は、教会とトラブルにならないようなやり方で儲かる方法を見つけ出さなくてはならなかった。高利貸しは容認されるとする一つの解決策は、貸し手は自分のお金でリスクを冒すのだから、それに対してお金が支払われるのは妥当だという考えに基づいていた。すなわち、貸したお金が返ってくるかどうかが何らかの点で不確実ならば、お金を貸すことで利益を得るのは容認されるだろうという理屈である。

人生以上に不確実なものなどあろうか？ 何しろ、自分がいつ死ぬのか誰も知らないのだから。というわけで、終身年金保険が考案された。終身年金とは、契約を結んだ時点で年金供給者にまとまった額のお金を一括で払えば、その見返りとして、生涯にわたり年金が支払われるという仕組みだ。受給者にとっての終身年金保険の価値は、契約の開始時点で払い込む額と、その人がどれだけ生きるかにかかっている。言うまでもないが、長生きするほど受給者がもらえる年金の総額は増えるので、年金供給者は確実に利益を得られるように、最初に年金支給率を調整する。終身年金保険はもともとリスクを伴うものであり、詰まるところ、ある人がどれだけ長生きするかということに対する出資者（受給者）と供給者の賭けと言える。その人の人生が予測より短ければ供給者の勝ちで、予測より長ければ出資者の勝ちだ。多くの人に年金を支給する年金供給者にとって、純益を得られるかどうかは、対象集団の死亡率を表す統計情報の正確さに左右される。そのような情報は、教会の記録か死亡年齢の何らかの記録を集計した「生命表」で示される。死亡統計がこうしたやり方で表にまとめられるのは、老化によって死亡率が年齢とともに上がるからだ。生命表に載っている情報が正確で、それに従って年金支給率が設定されるならば、年金供給者はカジノのオーナーと同じ立場にあるわけだ。要するに、相当な純益が確実にあがる。

さて、スコットランドの詩人で弁護士でもあったジョージ・アウトラム（一八〇五～五六年）には、終身年金保険は確実なものではなく賭けだと、誰かが警告してあげるべきだった。アウトラムは、夫に先立たれてまもない女性に売った終身年金保険にかかわる詩を強烈なスコットランド訛りの英語で書き、自分の苦い経験をほかの人びとに伝えた。アウトラムの悲痛に満ちた嘆きは一九連あるが、以下に二連だけ抜き出してみよう。

その取引はけっこう公平に見えた。
彼女は六三歳になったところだった。
あの女があんなにしぶといとは予想もつかなんだ。
人間たあよくできたもんだ。

年月がやって来ては過ぎたが、
彼女はまだ岩みたいに頑丈でぴんぴんしてる。
あのとんでもねえ女は若返りつつある、
そりゃ年金を受け取ったからな。

……

おれはある生命保険会社用の生命表を
目を皿にして読んだ。
彼女の生きる見込みがそれに示されていた。
このうえなくはっきりと。
だけど、この生命表だろうが、あの生命表だろうが、
彼女は自分の分け前をもらったうえに一〇年長く生きている。
それで、もう十数年は長生きしそうだ。
彼女の年金の面倒をみてやらにゃいかん。[7]

アウトラムの大失敗は、ある生命保険会社のために作成された生命表を信頼したことだ。もっとも、この間違いを犯したのは個人の出資者だけではなかった。イギリス政府は一九世紀はじ

め、出資者たちに年金を支給する際に二つのミスをして大損をしている。一つめのミスは、死亡率を高く見積もりすぎた不正確なデータを利用したことだ。そのせいで政府は、人びとの長い存命期間にわたって不利な支払いをすることになった。政府の判断を誤らせたデータは、エクイタブル・ソサエティという保険会社の保険数理士ウィリアム・モーガンが、政府のために選んだものだった。じつは以前、モーガンはその間違ったデータに基づいて、死亡時にお金が支払われる生命保険の価格を決定し、自分の会社に儲けをもたらしていた。保険の契約者たちは、不当に高い保険料を請求された。実際の死亡率は、その会社の計算値より低かったからだ。その結果、会社の支払いは予測よりも少なくてすんだ。しかし、同じ死亡率のデータが年金の費用計算に用いられたときには逆に働き、政府は財政難に陥った。というのはもちろん、ジョージ・アウトラムが見いだしたように、人びとは予測より長生きして多くの年金を受け取ったからだ。それで政府は大損をした。

イギリス政府が犯した二つめの手痛い失敗は、出資者が他人に終身年金保険を掛けるのを認めたことだ。この措置によって出資者は、政府のデータに示されているよりも長生きしそうな人を一般市民のなかで探して、自分が儲かる可能性を高められるようになった。この状況を利用した出資者の一人が、詩人のウィリアム・ワーズワースだ。彼は湖水地方に住んでいたので、その地域の一般人が長寿であることをよく知っていた。そんな様子を彼の詩から引用してみよう。[8]

グラスミア谷の森のある側に
マイケルという羊飼いがいた。
年寄りだったが、気力も充実し、手足も強かった。
体は若いころから年を取るまで
並外れて強く、心は鋭敏、
熱心で慎ましく、何事にも長けていた。
そして羊飼いの仕事においては普通の人より
動作が素早く注意深かった。[9]

高齢者に対して掛ける終身年金保険は、出資者にとっては儲けが多かった。なぜなら、政府は高齢者の生存率を実際よりずいぶん低く見積もっていたからだ。特に、スコットランド高地地方など、健康な暮らしが営まれている地域や、ロンドンのクエーカー教徒といった特定の集団では、その傾向が著しかった。出資者たちは、そのような人びとが非常に長生きすることを見いだしたのだ。ワーズワースは、四〇人の高齢者の命に対する年金として四〇〇〇ポンド出資して利益をあげた。

この話には皮肉な展開が待ち受けている。エクイタブル生命（旧エクイタブル・ソサエティ）は二〇〇五年に幕を閉じるまで、長く輝かしいとされる歴史を誇り、自社が長寿であることをセールスポイントにしていた。だがその歴史には、年金支給率の計算を誤る危険性についての警鐘が含まれていたにもかかわらず、それに誰も注意を払わず、ほとんどの人が気づけなかったのだ。エクイタブル生命が最終的に破綻したのは、同社が一部の保険契約者に、支払えないほど高い年金支給率を保証したからである。

さて、現金をすぐに必要としたキリスト教の支配者たちは、教会による高利貸しの禁止に対して別の解決策も採った。それは、ユダヤ人に銀行業務を請け負ってもらったうえで、彼らの利益に課税するか利益を没収する方法だ。実際、銀行業は中世にユダヤ人が就くことを許された数少ない仕事だったが、その職は現代と同じく当時も債務者からあまりよく思われなかった。これが、ユダヤ人が絶えず迫害され、ついにイギリスからは一二九〇年に、スペインからは一四九二年に追放された理由の一つだ。一六五〇年になると、イギリスに少数のユダヤ人がいることをオリバー・クロムウェルが許容したが、それはほかでもなく商業的な目的のためだった。それからの一五〇年にわたり、イギリスより寛容なオランダで成功していたユダヤ人たちが、商業面や金融面における成功を求めて少しずつイギリスに移住してきた。そして一七七九年、ベンジャミン・ゴンペルツという人物が、ロンドンの商業地区にあるベリー通り三番地のそんな家庭で産声を上げた[10]。死亡率の研究を根本から変えることになるこの男にとって、ロンドンほどふさわしい誕生の地はなかっただろう。

ゴンペルツの法則——老化の速度（死亡率倍加時間）

ベンジャミン・ゴンペルツは優れた数学者だった。彼は家庭で教育を受け、その後は独学した。ユダヤ人だったので、イギリスの大学に入ることは禁じられていたのだ。ゴンペルツは、一九歳になるころには『紳士がたしなむ数学の手引き』誌に何度も寄稿するようになった。のちには、その雑誌の懸賞コンクールで一一年連続して優勝している。ゴンペルツは純粋数学や天文学に大きな貢献を果たしたが、その数学的技能のおかげで生命保険会社の保険数理士としての本職に就き、暮らしを立てたうえに不朽の名声も得た。保険数理士の仕事は、さまざまなリスクに関連する統計を分析し、それらの統計から、リスクに備えて保険に加入する人の保険料を算出することである。

生命保険では、特殊な保険リスクが生じる。いずれ保険金が請求されるのは確かだが、それがいつかということだけは不確かなのだ。イギリス政府が苦い経験を通じて見いだしたように、この計算を誤ると非常に高くつく恐れがある。その統計情報の鍵となるのが死亡率だ。仮に、人間がガラス瓶のようなものだとすると、各年に壊れる（死ぬ）リスクは不変だと考えられるので、生命表は必要ないだろう。だが人間は老化するので——実際にはほとんどの動物がそうだ——、死亡率は年齢とともに上昇する。それで問題は、どれくらい上昇するかということだ。ベンジャミン・ゴンペルツは、この問題に対して数学的な答えを見いだした。それは広く一般的に当てはまるので、「ゴンペルツの法則」と呼ばれるようになった。

ゴンペルツは、それぞれの年齢で死亡する人の数を示した生命表を調べ、二〇歳以降では年齢とともに死亡率が指数関数的に上昇することに気づいた。言い換えれば、死亡率は一定の期間ごとに倍になるということだ。同じ現象はヒト以外の種でも認められるが、倍になる期間（死亡率倍加時間）は違う。ヒトでは死亡率が倍になるのに約八年かかる。イヌは約三年で、実験用のラットでは約四カ月だ。[11] 死亡率倍加時間は老化の速度と考えることができる。ラットはイヌより老化がはるかに速く、イヌはヒトより老化がはるかに速い。興味深いのは、老化の速度がそれぞれの種でほぼ一定らしいという点だ。第2章で見たように、どの種にも特有の寿命があるという事実からして、老化の速度は一定と予想されるはずだと思うかもしれないが、もう少しじっくりと調べてみれば、そこには矛盾があるように思える。なぜなら、寿命は不変ではないからだ。

では、私たち自身の種を見てみよう。今から二〇〇年前の平均寿命は、世界のどの地域でも四〇歳に満たなかった。今日では、最貧国を含めて、どこでも四〇歳を上回っている。[12] 先進諸国では、ますます長寿化が進んでいる。じつは、これは最近の現象ではない。寿命の着実な延びは一八四〇年に端を発し、それ以来、平均寿命は一年あたりほぼ三カ月という驚くべき割合で延びてきた。言い方を変えれば、一時間あたり約一五分という割合だ。[13] 長寿の歴史的な記録はスウェーデンにあり、一八四〇年の時点で、女性は平均寿命の世界記録を持っていた。もっとも、それはわずか四五歳で、今日の標準的な寿命からすればずいぶん短いが。二〇〇九年には、スウェーデンの女性の平均寿命は八三歳だった。[14]

男性の寿命は平均して女性より短く、男女間の差は一八四〇年から二〇〇〇年にかけて、二年から六年に広がった。だが数年の差はあるにしても、世界中で、なかでも豊かな国では男女ともに平均寿命が著しく延びてきた。[15] アメリカ人の平均寿命は、一九七〇年以降にとりわけ急速に延びている。一九七〇年には男性の平均寿命は六七歳だったが、二〇〇六年には七五歳に届いた。一方、女性では同じ期間に平均寿命が七五歳から八一歳に延びた。[16] これとよく似た延びが、イギリスでも起こった。長寿記録を持つジャンヌ・カルマンの祖国フランスでは、女性の寿命がさらに長い。そして日本では、女性の平均寿命が現在では八六歳を超えている。これらの年齢は平均値なので、長寿化に伴って、さらに高齢になるまで生きる人の数が増えているのは言うまでもない。だが、本書を執筆している時点では、裏づけのある年齢でジャンヌ・カルマンの栄えある記録と勝負できるものはない。

このように平均寿命が大幅に延びたのは、何よりも下水設備、妊娠・出産、公衆衛生、予防接種、抗生物質、医療などの各面が改善されて乳児死亡率が低下したおかげである。そのほかに生活水準の全般的な向上によって、大人の死亡率が低下してきた。こうしたことは、特に高齢者の健康の増進に役立っている。長寿という観点で遅れているのは、喫煙が盛んな国々だ。[17] また、ソ連が一九九〇年代に崩壊したときには、人間の健康について意図せぬ大規模な実験がおこなわれた格好となり、豊かさが平均寿命に対して重要であることが示された。経済的混乱や失業者の増加によって、ロシアの男性の平均寿命は一年につき一年という劇的な割合で短くなり、一九九四年にはわずか五七歳にまで短くなったのだ。[18] このような変化は、一〇〇年以上かかって獲得された寿命の延びが、たちまちのうちに失われる可能性があるという事実を突きつける。

人間の寿命の伸びは老化の減少によるものではない

さて、ここで先ほど触れた矛盾らしきものにぶつかった。矛盾とは次のようなことだ。もし老化の速度が、死亡率倍加時間によって測定されるように不変で、ヒトでは約八年という値で決まっているならば、なぜ、わずか二世紀のあいだに平均寿命が二倍近くに延びるなどということがありうるのだろう？　人間の寿命が延びているということは、老化がなくなりつつあることを意味するのだろうか？　実際の話、寿命が延び続けていることからして、老化は病気のようにだんだん征服できるのだろうか？　アリストテレスは、現在の私たちが手にしている証拠を何も持っていなかったが、鋭い頭脳で似たような疑問を抱いた。彼は長寿にかんする著作で、短命は「不健康さ」の単なる結果なのか、寿命にはもともと何らかの限界があるのかと問いかけている。その問いに答えるとともに、寿命の矛盾を解決するのに役立つのがゴンペルツの法則だ。

ゴンペルツの法則には、死亡率を決定する変数が二つある。一つは死亡率倍加時間で、もう一つは性的成熟時に測定される初期死亡率だ。初期死亡率は基準の死亡率と考えることもできる。というのは、それは実際には、最初だけでなく生涯にわたって影響を及ぼすからだ。死亡率倍加時間は老化速度を決定するが、初期死亡率はその出発点を定める。そしてもちろん、死亡率は初期の値が高いほど、倍加によってより高くなる。では、二つの量がどのように結びついて寿命に影響を与えるかを見るため、ユリカモメとセグロカモメを比較してみよう。これら二種は、たまたま老化速度は同じだが、初期死亡率は大きく異なる。死亡率倍加時間はどちらも六年だが、初期死亡率は、ユリカモメでは一年に二〇パーセントなのに対して、セグロカモメではわずか〇・四パーセントで、ユリカモメの五〇分の一しかない。どちらの鳥でも同じ速度で老化が進むが、野生でこれまでに記録されているユリカモメの最高齢はたったの一六歳で、一方のセグロカモメでは四九歳だ。[19] 二種の老化速度は同じなので、寿命の違いをもたらす原因は、当然、大きく異なる初期死亡率にある。ところで、二種の初期死亡率には五〇倍の開きがあるのに、最大寿命はわずか三倍の違いにとどまっていることに注意してほしい（一六歳に対して四九歳）。これは、死亡率倍加時間（どちらの種も同じ）のほうが、初期死亡率よりも死亡率に大きな影響を与えるからだ。ゴンペルツの法則では、老化が支配力を振るう。

ユリカモメとセグロカモメの比較は、人間の寿命が延びているのは老化が減少したためだという結論に飛びついてはならないことを示している。死亡率倍加時間は先進国の人びとでも発展途上国の人びとでもかなり一定だが、初期死亡率は大きく異なっていて大幅に変化してきた。というわけで、矛盾に思えるかもしれないが、人間の寿命は延びているうえ、老化は相変わらず同じ速度で進んでいるというのが真相だ。寿命の延長は、老化の減少ではなく初期死亡率の低下に起因するということで説明できる。仮定の話だが、もし二〇歳以降に死亡率が上昇しないように老化そのものをなくせるならば、人間はメトセラのように何百歳までも軽く長生きできるだろう。

要するに、寿命が延びているのは、老化が減少しているからではなく、老化の始まりが遅くなっているからだ。ということで、アリストテレスが投げかけた、寿命の長さにはもともと何らかの制限があるのかという疑問に対して、今では答えがある。老化は冷酷なものなので、老化プロセス自体が遅いものにならない限り、老化のせいで最終的に人生の長さには統計的な制限が課されるのだ。もっとも、平均寿命が延びているということは、まだ寿命の限界には達していないということでもある。人間の寿命にかかわる科学文献には、あまりにも悲観的な予測だったとあとで判明したケースがいくつもある。たとえば一九二八年、統計学者のルイス・ダブリンはアメリカの統計を利用し、「現在の知識を踏まえ、また、私たちの生理学的構造に対する画期的な医学的処置が開発される、あるいは夢のような進化的変化が起こるといったことを推測する根拠が何もないなかで」、平均寿命にかかわる最良のシナリオを計算した。彼の予測によれば、平均寿命は最大で六四・七五歳まで延びるだろうとのことだった。しかし、当時ダブリンは気づいていなかったのだが、ニュージーランドの女性の平均寿命は、すでにこの年齢を上回っていた。[20] ダブリンもほかの人びとも自分の予測を一度ならず上方修正したが、そのたびに寿命はとどまるところを知らぬ延びを示し、仮定された限界を突き破った。ある推定によれば、もし現在の傾向が続けば、裕福な国で二〇〇〇年以降に生まれた子どもたちの大多数は一〇〇歳まで生きられる見込みとのことだ。[21]

もうお気づきだろうが、老化は詩のテーマとしてよく用いられる。詩人のヘンリー・リードは、きっと無意識にだが、T・S・エリオットの詩のパロディとして一九四一年に書いた「チャードド・ホイットロー」という風刺詩で、寿命の矛盾について、かなり巧みな要約と解決法を偶然に見つけている。[22]

私たちは年を取る一方で、若くはならない。

季節は巡り、今日、私は五五歳になる、
そして去年のこのとき、私は五四歳だった、
そして来年のこのとき、私は六二歳になる。

どうやら、T・S・エリオットはこのパロディを気に入ったようだ。彼は「J・アルフレッド・プルーフロックの恋歌」という詩で、同様に（そして意図的に）ばかげて聞こえる次のような言葉を綴っている。「ぼくは年を取る……ぼくは年を取る……／ズボンを折り返して履こう」。人間の体は年とともに縮むので、昔から持っているズボンを履く老人は、裾を折り返したほうがいいということだ。また、ヘンリー・リードの詩で、年齢が一年後の誕生日に五五歳から六二歳に飛んでいるのは、老化とは、年を追うごとに生物学的な時の経つのが本当に速くなることだということを実質的に意味している。もっとも、これはある程度まである。なぜなら、超高齢の極みには驚くべきことが潜んでいるからだ。

超高齢では死亡率の上昇が止まる

長寿化が進み、ますます多くの人が一〇〇歳を超えて生きるようになっている。こうした生存

のフロンティアに立っているパイオニアたちは、超高齢というこれまで未知だった領域を垣間見させてくれている。一〇〇歳を超えた先から届く知らせは、野心的な期待を上回るほどよい。年を取ってだんだん老衰に苦しめられたティトノスとは違い、一部の百寿者は驚くほど健康なのだ。たとえば、デンマークの百寿者のグループの三分の一はいたって健康で、自立した生活を送っていた。[23] もっと注目すべきなのは、一一〇歳から一一九歳という超百寿者のアメリカ人のグループの四〇パーセントが、自立した生活ができるか、ごくわずかな手助けだけで自活できるほど健康だったことだ。[24] さらには、たとえば実験用のマウスでも、長寿マウスを作る目的で繁殖された系統に属していたら、きわめて高齢になった段階でも短命の先祖たちより健康だろう。[25] その理由は簡単に説明できる。つまり、マウスだろうが人間だろうが、高齢に達する秘訣は健康にあるということだ。しかし、非常に長寿な人びとから発見された別の事実には、本当に驚くべきものがある。それは、超高齢になったら老化が止まるということだ。

超高齢者の死亡率を予測するのは難しい。なぜなら、ごく最近までは対象者がきわめて少なかったからだ。しかし二〇一〇年、六〇〇〇人を超える真の超百寿者にかかわる死亡率のデータを集めた研究によって、かねてから推測されていたとおりのことが示された。つまり、超百寿者の死亡率は足踏み状態になるのだ。[26] 確かに、これほどの年齢だと死亡率は非常に高く、毎年五〇パーセントの人が亡くなるが、死亡率が一年ごとにますます高くなっていくことはない。私の想像では、この結果は超百寿者のあいだで、次のように、よいニュースでも悪いニュースでもあるジョークのように受け止められるだろう。「よいニュースは、あなたの老化は止まったということで、悪いニュースは、いずれにせよあなたはもうすぐ死ぬということだ」。科学の観点からすれば、死亡率の上昇が止まることはむろん大いに興味深いが、それはいったいどういう意味なのだろう？　研究の対象となる超百寿者は非常に少ないので、解明に向けてはヒト以外の種に目を向けなくてはならない。そして、答えは意外な方向からもたらされる。

グアテマラとの国境からほど近いメキシコ南部に、かなり変わったものを生産する工場がある。毎週、チチュウカイミバエのさなぎを五億個生産しているのだ。チチュウカイミバエは柑橘類を食い荒らす害虫だが、メキシコの工場で飼育されている膨大な数のハエは、問題ではなく解決法の一部だ。チチュウカイミバエの雌は、一生に一度しか交尾しない。そこで、ハエがはびこっている地域に、その飼育施設で不妊化した大量の雄を放つ戦略が採られる。不妊雄の数が野生の雄より圧倒的に多ければ、雌は不妊雄と交尾するので、子どもはできない。メキシコ南部にあるチチュウカイミバエ飼育施設の役割は、チチュウカイミバエがメキシコから北上してアメリカに広がるのを阻止することで、その戦略は目覚ましい成果をあげた。[27] その施設で飼育されるチチュウカイミバエを用いて老化の研究をすることは、単なる副次的な取り組みだったが、大量のハエが入手できるおかげで、そのような研究が可能となった。

老化研究者たちは、メキシコの工場で飼育された一二〇万匹のチチュウカイミバエの運命を追った。その数は一日に生み出されるハエの一パーセントにすぎないが、老化研究用のサンプル数としては膨大だ。チチュウカイミバエはほとんどの昆虫と同じで、成虫になってからの命は短い。さて、それらのハエが成虫になってから七日後の時点では、日々の死亡率はわずか一・二パーセントだったが、二週間後には一〇パーセント近くに上がった。四〇日後には四万五〇〇〇匹の年老いたハエが生き残っており、一日の死亡率は一二パーセントだったが、それから死亡率は下がり始めた。九〇日後にはわずか一〇〇〇匹ほどしか生き残っていなかったが、死亡率は一日に五パーセントまで下がり、最後のハエが死んだのは、それから八二日後だった。[28]この結果は、のちに人間の超百寿者で見いだされた結果以上に印象的だった。というのは、チチュウカイミバエでは死亡率が頭打ちになっただけではなく、下がったからだ。つまり、超高齢のハエの死亡率は、年を取るほど低下した。一見すると、これらの研究結果から、ゆくゆくは老化さえ高齢に負けるように思えるかもしれない。だが、別の解釈もある。

ハエでも人間と同じように、早々と死ぬのは健康に恵まれない虚弱な個体だ。健康に影響を及ぼす要因はたくさんあるので、それらによって、早死にする運命の個体と長生きする運命の個体との違いが出てくるのかもしれない。そのような要因の一つが性別だ。ヒトを含めて多くの種では、雌のほうが雄より長生きするが、すべての種がそうとは限らない。たとえば、ラットでは雄が雌より長生きする。[29] だが、どんな要因によって個体が生き延びる可能性に違いが生じようとも、とにかく生き延びる可能性に個体差があれば、ある集団の全体としての死亡率が下がるように見えてくる場合がある。[30] そうなるのは、短命の個体がすべて死んでしまうと、生き残っているのは死亡率の低い丈夫な個体だけだからだ。では、そのような状況では、実際に死亡率が低下しているのだろうか？ それとも、低い死亡率は集団の一部に最初から含まれていたが、短命の個体が死んで、それが見えるようになっただけだろうか？

喩えとして、次のような状況を想像してほしい。浴槽があり、青いボールと黄色いボールが同じ数だけ浮いている。どちらの色のボールも水を吸収するので、いずれは沈んで見えなくなるが、青いボールのほうが黄色いボールより水を吸収するのがやや速い。では、一歩下がって成り行きを見てみよう。浴槽から適当な距離を置くと、青いボールと黄色いボールの色が混ざって緑色に見える。青や黄は、テレビの画面や新聞に印刷された写真の画素《ピクセル》のようなものだ。さて、青いボールが「死に」始めると、浴槽の水面の色が変わっていくように見える。青いボールが黄色いボールより速く沈んで水面下に隠れてしまうので、水面は徐々に緑色から黄色に変わる。最後のほうでは、浴槽の水面は全面的に黄色になる。何が起こったのだろう？ 浴槽の中身が本当に緑色から黄色に変わったのだろうか？ それとも、青いボールと黄色いボールの死亡率が違うために、最初からあった何かが見えてきただけだろうか？ ボールの半数は黄色だったが、それは私たちには見えなかった。なぜなら、集団のレベルでは、青と黄が混ざって緑のように感じられたからだ。

では、今度はボールの色のことは忘れて、この実験中にボールが浴槽のなかで沈んだ速度——「死んだ」速度と言ってもいい——だけに注目しよう。最初はゆっくり沈むボールと速く沈むボールが入り混じっていたが、最後にはゆっくり沈むボールだけが残っていたので、ボールが沈む平均の速度は、実験が終わりに近づくほど遅くなった。この観察結果をどう解釈すべきだろうか？　一つは、ボールがすべて同じだと考えることだ（ボールの色は無視していることを思い出そう）。すると、実験中にボールの沈みやすさが変わったに違いないということになる。もう一つは、ボールはすべて同じではなく、最初から死亡率に違いがあったと考えることだ。

生物の集団が、まったく同じ個体からなることはまずない。集団を構成する個体はさまざまな面で異なっており、その多くが健康や死亡率に影響を及ぼす。そんな状況では、どんな集団の構成も、特に命の終わりに近づくにつれて変わっていく。そのため、死亡率の上昇が止まった、さらには下がり始めたような印象になる可能性があるのだ。もっと妥当な説明をすれば、集団には死亡リスクの違いが隠れているということだ。この可能性はとても興味深い。なぜなら、そのような違いの正体を見いだしさえすれば、なぜ一部の人がほかの人びとより長生きするのかがわかるかもしれないからだ。

ではいったん、老化についてこれまでに見いだしたことをまとめてみよう。老化とは、年齢とともに生物学的機能が徐々に失われていくことを指す。こんなジョークもある。老大学教授は退職せず、ただ能力が徐々になくなるのみ。ウィリアム・シェークスピアは喜劇『お気に召すまま』で、人間の七つの年齢段階の最後について、「第二の赤ん坊、闇に閉ざされたまったくの忘却、歯もなく、目もなく、味もなく、なにもない」[31]（『シェークスピア全集Ⅲ』〔小田島雄志訳、白水社〕所収の『お気に召すまま』より引用）と、憂鬱な旅人ジェークイズに語らせた。老化の傾向は、老化が死亡率に及ぼす影響を通じて追跡できる。ベンジャミン・ゴンペルツは、生物が性的成熟に達すると死亡率が指数関数的に上昇すること、そしてヒトでは死亡率が約八年で二倍になるという特徴があることを発見した。世界でも特に裕福な国々では、過去二〇〇年に平均寿命がほぼ二倍に延びたが、死亡率倍加時間は変化していない。この矛盾は、老化が減少しているわけではなく、老化の始まりが人生のより遅い時期に延びただけだということで説明がつく。[32] 今後、平均寿命がさらにどれだけ延びるのかはわからないが、老化を根絶することで延びるわけではなさそうだと言える。老化は大変な高齢になると実際に止まるが、そのような年代では年間の死亡率が非常に高いので、老化が止まったところで余生はほとんど延びない。

超高齢になると老化が止まるのは、体の弱い人びとが先に死んでしまい、一生を通じて普通より壮健でいられた人が生き残るからだろう。そのような高齢者の良好な健康状態は、遺伝するのだろうか？　過去二〇年のあいだに遺伝学が急速に進歩したおかげで、今では個人間の遺伝的な差をすぐに調べることができる。そのような差から、老化について何がわかるだろうか？

第4章　遺伝子

寿命を操作する遺伝子スイッチ

顔の輪郭や声や目に
年月を経て受け継がれる特徴は
人間の寿命という
拘束をさげすむ――それが私。
人間のなかで永遠のもの、
死の呼びかけを一顧だにせぬもの。
――トーマス・ハーディ「遺伝」

一九世紀に活躍したアメリカの医師にして作家のオリバー・ウェンデル・ホームズは、会話風に書いたエッセイで同時代に人気を博した。それらのエッセイは、読者がホームズと朝食を共にしているかのように書かれていた。この『朝食テーブル』シリーズで読者はホームズと個人的なつながりができたように感じ、ホームズにたびたび手紙を出して助言を求めた。そんな読者の求めに対して、ホームズは八〇歳になったときに『お茶を飲みながら』という本で応えた。[1] その本では、人生は朝食とお茶の合間の出来事にすぎないとほのめかされているようだった。ホームズは読者からの手紙で、どうやってそこまでの年齢に達したのか、どうすれば同じように長生きできるのかと尋ねられた。八〇歳といえば、今日でもアメリカの男性の平均寿命を上回っているほどなので、一八八九年という昔には、ホームズが好んだ言い方で「二〇歳の三倍と二〇歳」に達したことは、敬うべき偉業だったのだ。

「長生きするための私なりの方策を聞くと、いささか驚くかもしれない」とホームズは書いた。「それは次のようなものだ。致命的な病気にかかりなさい。そして五、六人の医者にかかって、あなたの体をたたくなり押すなり、ありとあらゆる方法で検査してもらってから、あなたの体には何かしら具合の悪いところがあるという診断をくだしてもらいなさい。診断によれば、それが何の病気か医者にはわからないが、それによってあなたは近い将来、間違いなく死ぬとのことだ」。続いてホームズはこう助言する。それからは病人らしく振る舞って、自分を死に至らしめる病気を、まるで赤ん坊であるかのように大切に扱えば、たぶんあなたは八〇歳に達する。そして、もし八〇歳になったら、ほとんどの友人がすでにこの世を去っており、自分の健康を気にしているあいだに人生が過ぎ去ったことに気づくだろう。というわけで、ホームズは前もってこんな準備策を取るように勧めた。「自分が誕生する何年か前に……二人とも長寿の家系に属している夫婦を募集するといい」

長寿が家族に遺伝しているのは確かなように思われるが、それはどの程度で、なぜそうなのだろう？　たとえば、オリバー・ウェンデル・ホームズの息子オリバー・ウェンデル・ホームズ・ジュニアは、たとえ自分の意思ではないにせよ、父の助言に忠実に従ったようだ。ジュニアはまず、賢明にも長寿の親を選択し、このうえなく充実した人生を送った。南北戦争が勃発したときには、大学での勉強を中断して北軍に志願入隊した。そして、戦争中に三回も負傷したが命拾いし、最終的には連邦最高裁判事になって、その職を九〇歳まで務めた。ところで私は、この話にささやかながら個人的な結びつきを感じている。というのは、私の父は弁護士で、ジュニアに敬意を表して「ウェンデル」というミドルネームを私につけることにしたからだ。

私も自分の父をうまく選んだ。本書を執筆している今、父は九八歳で、健康な高齢者の鑑なのだ。父は子どものころにジフテリアにかかったが助かった。ジフテリアは、一九二〇年代半ばに予防接種が広まるまではありふれた細菌性の病気で、命にかかわることもよくあった。父はその後、第二次世界大戦で魚雷攻撃や船の難破にも遭ったが、生き延びた。つまり、高齢になるまで生きるには、ある程度の運が必要なのも明らかだし、父が力説するところでは、泳げることも役に立ったという。父は今も週に三回泳いでいる。もっとも近ごろは、海軍から支給されたヘルメットはかぶっていないが。

というわけで運の味方はあるとしても、健康な状態で高齢に達するために、遺伝子はどんな役割を果たすのだろうか？　この疑問を解明しようとして、長寿の人びとの寿命や健康状態、そして実際にDNAを比較する研究が数多くおこなわれてきた。マウスや線虫（老化研究者が好んで用いる生物）、そしてヒトにも当てはまりそうなおよその推測によれば、個体の寿命の違いに対する遺伝子の寄与は二五〜三五パーセントとのことだ。[2]

長寿には遺伝と環境、どちらの影響が大きいか

人びとのあいだで異なる重要な特徴はほぼすべて、遺伝子と環境の両方から影響を受ける。そして、これら二つの影響を分けるのは、論争の的になるとまではいかなくとも難しい。遺伝子が長寿の可能性を定めることはわかっているが、公衆衛生や医療が向上して生活が豊かになっただけでヒトの平均寿命が過去二〇〇年に倍になったという事実からして、遺伝子が寿命の絶対的な限界を定めるわけではないこともわかっている。動物でも、環境は寿命に大きな影響を及ぼす。たとえば、ミツバチの女王は何年も生きて卵を産むが、女王バチを世話する働きバチ（働き手）は、女王バチと遺伝的に同一の姉妹なのに数カ月しか生きられない。[3]　女王バチと働きバチの運命

は、生まれてまもないころの育てられ方で分かれる。幼虫の面倒を見る働きバチは、特定の幼虫に「ローヤルゼリー」というタンパク質の豊富な分泌物のみを与える。すると、その幼虫は女王バチになるのだ。ローヤルゼリーを少しだけ与えられた幼虫は、成長したあかつきには働きバチになる。言うまでもないが、老化防止の効能があるとしてローヤルゼリーをインターネット上で販売している者は、ローヤルゼリーの恩恵を受けるためには、あなたが特定の年齢のミツバチの幼虫でなくてはならないという但し書きは省いている。それに、ローヤルゼリーがあまりにも少量だと、摂取した者が働き手になるかもしれないなどといった健康上の警告も出していない。

人間では、寿命などの特性に対する遺伝的要因の関与の度合いは、一卵性双生児同士の寿命の違いと二卵性双生児同士の寿命の違いを比較することによって推測される。一卵性双生児は、「配偶子」と呼ばれる一個の受精卵が発生のごく初期に分裂することで生まれる。なお、一卵性双生児同士は遺伝的に同一だが、ほかのすべての点でまったく同一というわけではない。

普通、双生児は同じ家庭で一緒に育てられるので、同じ遺伝子を共有しているだけでなく同じ環境を経験する。そのため、一卵性双生児同士が何らかの点で似ている場合、その原因が遺伝子にあるのか、環境にあるのか、両方の組み合わせにあるのかを突き止めるのは難しい。だが、幸いにもこの問題は、一卵性双生児と二卵性双生児の比較によって、うまく回避できる。二卵性双生児同士は遺伝的に同一ではないが、一卵性双生児と同じく、一緒に生まれ、通常は一緒に育てられる。双生児の研究からは、老化や寿命に対する遺伝子の影響が、「最大で三五パーセント」といった数値が与える印象ほどはっきりとしているわけではないことが示されている。たとえば、あなたがアルツハイマー病にかかる確率は、もしあなたが一卵性双生児で、双生児のきょうだいがアルツハイマー病だったとしたら、あなたが二卵性双生児で、双生児のきょうだいがアルツハイマー病だった場合の二～三倍ある。もっとも、この観察結果はアルツハイマー病のリスクが遺伝子の影響を強く受けることを示しているが、一卵性双生児の二人の発症年齢には何年もの開きがあったり、もう一人はずっとかからなかったりするので、遺伝子以外の影響も重要だとわかる。ただし、この例外として挙げられるのが、アルツハイマー病の珍しい型で、早発型の「家族性アルツハイマー病」と呼ばれる（アルツハイマー病症例の五パーセント）。特定の遺伝的欠陥がこの病気の原因で、その欠陥がある人は六〇歳になるまでに必ず発症する。[4]

もし私たちが白衣を着た実験用のラット（学名*Rattus norvegicus*〔訳注：ノルウェーのネズミという意味〕）だったら、老化のモデルとして人間の研究をしたいと思うだろう。それほどホモ・サピエンス（*Homo sapiens*）という種は、実験対象としてすばらしい。なかでも北欧諸国の人びと（学名をつけるなら「*H. sapiens norvegicus*」とでもなるだろうか）は、健康状態がよく、記録もよく残っているので、うってつけだ。さて、デンマーク、フィンランド、スウェーデンでは、一八七〇年から一九一〇年に生まれたほぼすべての双生児のデータを用いて、二万五〇二二人の人びとの死亡年齢に対する家系の影響が調べられた。その結果によれば、六〇歳未満で双生児のどちらかが亡くなった場合、死亡年齢は、一卵性だろうと二卵性だろうと、もう一人の寿命とは関係がなかった。言い換えれば、双生児に共有されている遺伝子は、六〇歳未満の死亡には影響を及ぼさず、この年齢までは環境要因が寿命に決定的な影響を及ぼしたということだ。しかし六〇歳以降では、双生児同士の死亡年齢には関連があったことから、共有されている遺伝子の影響が年齢とともに増すことが明らかになった。この一般的なパターンは男性でも女性でも同じように認められたが、女性のほうが男性よりも平均して長生きした。

第3章では、ヒトでもほかの種でも、非常に高齢の集団では老化が遅くなること、そしてその理由としては、集団が実際には老化速度の違うさまざまな個体で構成されているからとする説明が妥当だということを述べた。北欧諸国での研究からは、この考えが支持される。なぜなら、高齢に達する人びとには、そうでない人とは遺伝的な違いがあることも示唆されているからだ。では、長生きに有利な遺伝子は、若い年齢でも効果を発揮するだろうか？　北欧諸国での研究では、効果はないことがうかがえる。というのは、六〇歳未満では寿命に遺伝的な影響がなかったからだ。しかし、六〇歳未満だと、どんな原因による死亡率も低いため、遺伝による影響が見えにくいのかもしれない。そこで、遺伝的な影響を明らかにする一つの方法として、九〇歳以上に達した人の子どもで中年になっている人びとと、九〇歳未満で亡くなった人の子どもで中年になっている人びとの健康状態を比較するやり方がある。百寿者や超百寿者の子どもで中年になっている人びとを対象とした、このような研究からは、それらの人が普通よりも健康なことが確かに示されている。だが、それは単に、そのような人びとが子どものころに、親の長生きの秘訣である健康的な生活スタイルを守るように教えられたおかげであって、遺伝とは関係がないかもしれない。そこで、オランダのライデンでおこなわれた研究では、遺伝の影響を探る方法が考え出された[6]。

ライデン長寿研究では、九〇歳に達した兄弟姉妹が二人以上いる家族を探し出し、彼らの死亡率や健康状態、そして彼らの子どもで中年になっている人びとの健康状態と、ランダムに選び出した九〇代の人びとの死亡率や健康状態、そして彼らの子どもの健康状態とを比較した。家族のなかで一人だけ九〇代になった人は、単なる運で九〇代に達したかもしれないが、二人以上が偶然にそれほどの高齢に達する可能性は、長寿を導く遺伝子の助けがない限りかなり低いはずだ。この研究では、実際にそのとおりだと判明した。兄弟姉妹で二人以上が九〇代に達した人びとの死亡率は、ランダムに選び出した九〇代の人びとより四〇パーセント低く、そのような兄弟姉妹は遺伝的に長生きしやすいという仮説が支持されたのだ。それだけでなく、彼らの両親や彼らの子どもも、一般的な集団と比べて死亡率が低かった[7]。

次にライデンの研究では、遺伝的に長寿の両親を持つ子どもの健康と、その人たちの配偶者の健康状態を比較し、中年になっている子どもの健康状態に遺伝のよい影響が明らかに認められるかどうかを調べた。こうした比較の背景には、パートナーの二人は同じ生活スタイルと環境を共有しているだろうが、二人ともが長寿の家系の出身である可能性はきわめて低いだろうという考えがある。したがって、家族に九〇代の人が複数いることが、遺伝的に健康に恵まれているしるしならば、パートナー同士を比較することで、遺伝の影響がはっきり見えるはずだ。さて、研究の結果によれば、パートナー同士の違いは比較的小さかったが、九〇代の人が複数いる家系の子どもで中年になっている人びとでは、期待どおりに健康状態のよさが認められ、彼らは配偶者に比べて心臓発作や高血圧、糖尿病のリスクが低かった。[8] ほかの研究からも、似たような結論が得られている。すなわち、特別な長寿は、生涯にわたって平均よりもよい健康に恵まれる人がいる家族に集中して認められるのだ。

長寿遺伝子の研究

これらの研究からは、長寿の傾向をもたらす遺伝子がヒトにも存在するに違いないこと、そして九〇歳以上まで生きるには、幸運やよい環境も重要だが、それら以外の要因も絡んでいることがわかる。それでは、長寿遺伝子とは何だろうか？　この問題をめぐって、現在、老年学で多くの研究がおこなわれている。何しろ遺伝子はスイッチのようなものなので、少なくとも理論上は、望ましくない状態から望ましい状態へとスイッチを切り替えれば、健康や長寿の体質を受け継いでいない人も元気で長生きできる可能性があるからだ。しかし、適切なスイッチを入れるためには、まず遺伝の回路という迷路で適切なスイッチを見つける必要がある。

　初めての長寿遺伝子は、極微の生物で発見された。それは「カエノラブディティス・エレガンス（C・エレガンス）」という線虫だ。このちっぽけな生物は、体長が一ミリメートルにも満たないくらいで、一生も短い。『マザーグース』では、ソロモン・グランディという主人公が「月曜日に生まれ、火曜日に洗礼を受け、水曜日に結婚し、木曜日に病気になり、金曜日に病気が悪化し、土曜日に死んで、日曜日に埋葬された」と歌われるが、その老年学版と言えるくらいだ。そして、C・エレガンスの野生における生態は、ソロモン・グランディの短い生涯ほどにしか知られていない。C・エレガンスは土壌中に棲む。細菌を餌とするが、どんな種類の細菌を好むのかはわかっていない。一般には雌雄同体で、ほとんどのC・エレガンスには両性の生殖器官がある。周囲に食物が乏しくてC・エレガンスが過密になると、若い個体は成長の止まった「ダウアー（耐性幼虫）」（ドイツ語で「耐久性」という意味）という段階に入る。耐性幼虫は植物の種子のように耐久力があり、別の場所に散らばることもできる。耐性幼虫が、土壌中に生息するカタツムリやナメクジ、ダニ、ヤスデなどの小さな無脊椎動物にくっついているのが見つかっている。[9]C・エレガンスの情報はそんなところだ。月曜日にソロモン・グランディの死亡記事が線虫マニアの非公式な雑誌『ワーム・ブリーダーズ・ガゼット』に掲載されたら、[10]言うことはもうほとんどない。だが、グランディの遺伝学となると話は別で、それについては膨大な量の研究記録がある。

土壌中のC・エレガンスの寿命は、通常ではわずか数日しかない。月曜日に生まれた雌雄同体のC・エレガンスは、つがいの相手を探して求愛する必要もなければ、自分の家族の面倒を見る必要もなく、ソロモン・グランディが結婚した水曜日までに単独で数百匹の子どもを産む。[11]一方、実験室で飼育されているC・エレガンスは、はるかに長生きだ。そのような保護された環境下では、三週間も生きられるし、実験で繁殖させることもできる。一九八〇年代には、変異体を用いた繁殖実験で寿命を大幅に延ばすことができた。それによって、寿命に遺伝の影響があることと、したがって寿命を延ばす遺伝子が存在することが証明された。

最初の長寿遺伝子は、カリフォルニア大学リバーサイド校のトム・ジョンソンとデービッド・フリードマンによって特定され、彼らはそれを「age-1」と名づけた。[12]age-1遺伝子によって、C・エレガンスの平均寿命はなんと六五パーセントも延びた。それはおもに、老化速度が遅くなったためだった。[13]言い換えれば、死亡率倍加時間が長くなったということだ。age-1遺伝子は三種類の長寿変異体で見つかったので、これがC・エレガンスで唯一の長寿遺伝子だろうとジョンソンは提唱したが、じきに長寿遺伝子をめぐる話はもっと複雑になった。

飼育下のC・エレガンスは、年を取ると、どんどん増える似たり寄ったりの子孫の群れに紛れてしまい、普通はどこにいるのかわからなくなる。だが、C・エレガンスの老化の遺伝学研究をやはり牽引するシンシア・ケニヨンは、年老いたC・エレガンスを初めて見た一九八〇年代初期のある日のことを次のように述べている。

繁殖能力がないと言ってもいい変異体を培養皿に入れ、数週間置いてから見てみた。子孫がほとんどいないので、その時点でも、もとの変異体がすぐに見つかったが、驚いたことに、それらは年老いているように見えた。「線虫が年老いる」という概念は、じつに衝撃的だった。私はそれらの変異体を少し気の毒に思いながら、腰を下ろした。そして、老化を制御する遺伝子があるのではないか、どうすればその遺伝子が見つかるか、ということに思いを巡らせた。[14]

さて、科学の世界でよくあるのは、偶然に何かを観察したことから好奇心が芽生え、発見につながることだ。ケニヨンの研究チームが、とりわけ寿命の長いC・エレガンス変異体を探して選別を始めると、寿命が普通の二倍以上ある「ｄａｆ-２」という遺伝子が変異した系統がすぐに見つかった。ｄａｆ-２遺伝子は、耐性幼虫の形成に影響を及ぼすことが以前から知られていた。それは幼虫が成長するあいだに起こる現象だが、こうなると、その遺伝子は成虫にも働いて耐久力を高めるのではないかと思われた。次に研究チームは、耐性幼虫の形成にかかわる別の「daf‐16」という遺伝子にも寿命を延ばす作用があることを発見した。daf‐2は、変異していない通常の状態ではdaf‐16のスイッチをオフにしているので、C・エレガンスの寿命は普通の長さしかない。だが、daf‐2遺伝子が突然変異するとdaf‐16への影響がなくなるため、daf‐16のスイッチが入って寿命が延びる。[15] その後、age‐1もdaf‐16に対する作用を通じて寿命を延ばすことが明らかになった。

遺伝子は、単独ではなく複数で協調して働く。たとえば、部屋の隅にある電気のスイッチは回路の一部をなしており、電源と電球がつながったときにのみ機能する。それと同様に、寿命を普通から普通の二倍の長さに切り替える遺伝子は、そうした変化を司るメカニズムに結びつかなくてはならない。そのスイッチが初めて発見されたことは、非常に重要な成果だった。なぜなら、それによって、寿命を延ばすメカニズムは存在するはずだということが証明されたからだ。生物学者はそれまで、永遠に暗い部屋に住んでいて光を想像できなかったようなものだった。つまり、寿命を操作できるスイッチがあることなど思い描けず、生物はただ衰えるという考えが支配的だった。だから、遺伝子スイッチを入れると寿命が延びるという発見は、まさに目を見開かせるものだったのだ。

糖尿病の原因が、寿命を延ばす

寿命を延ばす遺伝子スイッチが見つかったとなると、そのスイッチによって作動するメカニズムは何かということが、次の大きな疑問として浮上した。ところで、遺伝子をスイッチとして考えるのは参考になるが、遺伝子はスイッチにとどまらない。回路に組み込まれている電気のスイッチのように、遺伝子は何かの経路で一つの場所に位置しており、経路のつながりを作ったり遮断したりする役目を果たす。だが、生化学的経路内のつながりは、電流を通す電線ではなく分子で作られている。それらの分子は、遺伝子によって直接的または間接的に作り出されるので、遺伝子のDNA配列を読めば、どんな分子が作られるのかがわかる。要するに、電気のスイッチの構造を見ても、そのスイッチによって制御される回路のことはほとんどわからないが、遺伝子のDNA配列を見れば多くのことがわかるのだ。という次第で、一九九七年にdaf-2遺伝子のDNA配列が解読されたのだが、そこには別の驚きが待ち受けていた。

daf-2遺伝子のDNA配列から、この遺伝子は線虫版のインスリンによってスイッチが入ることがわかった。[16]その後の研究によって、同等のインスリンのシグナル伝達経路（インスリン↓daf-2↓daf-16）が、酵母やショウジョウバエ、マウスにも存在し、daf-2遺伝子の働きを止めると、これらの動物種でも寿命が延びることが次々に発見された。[17]どうやら、寿命を延ばす経路は進化の過程で一〇億年前に生み出され、今日まで真核生物で保持されてきたようだ。この経路が保たれているということは、重要な機能があるからに違いない。だが、いったい何だろう？　そのおもな機能が、単なる寿命の延長であるはずはない。なぜなら、寿命を延ばすことが必ず有益ならば、寿命の長いｄａｆ‐２変異体がひとたび自然に発生したら、それが標準の系統になると考えられるからだ。

糖尿病を抱えて生きる人は、インスリンになじみがあり、インスリンが血中のブドウ糖（血糖）を調節する役割をよく知っている。ブドウ糖は細胞を動かす燃料で、血中を巡っているが、車のエンジンから燃料が漏れた場合と同じように、あまりにも高濃度のブドウ糖が血中に存在するのは危険だ。血糖値が高くなる病気が糖尿病で、二つのタイプがある。1型糖尿病は、膵臓でインスリンが十分に作り出されないことによって起こる。一般的な治療は、インスリンの定期的な注射で血糖値を下げることだ。一方の2型糖尿病は、ブドウ糖を利用する脂肪や筋肉、肝臓などの細胞が、普通はインスリンの働きかけによって血中のブドウ糖を取り込むはずなのに、インスリンに反応しなくなることで起こる。2型糖尿病はしばしば肥満と関連があり、運動を増やしたり食生活を変えたりすれば、たいてい症状が改善する。ただし2型糖尿病のなかには、インスリンによって活性化するインスリン受容体遺伝子の突然変異が原因で発症するものもわずかながらある。このインスリン受容体遺伝子が、じつはｄａｆ‐２の人間版なのだ。数十億年の進化のあいだに線虫と哺乳類は互いに分かれ、それぞれが共通祖先から隔たってきた。そして両者の遺伝子の機能は分かれてきたにもかかわらず、線虫のｄａｆ‐２には、ヒトのインスリン受容体遺伝子でｄａｆ‐２に相当する部分と遺伝暗号が七〇パーセント似た機能的な部分がある。[18]

Ｃ・エレガンスのインスリンシグナル伝達経路の機能は、その経路が動物全般でどんな役割を果たすのかを知るための大きな手がかりとなる。インスリンシグナル伝達経路は、「野生型」と呼ばれる変異していない自然な状態では、若い線虫が小さな幼虫からいくつかの中間的な段階を経て一直線に成虫になるか、幼虫が成長の止まった耐性幼虫の段階に入るかを決定する。耐性幼虫は餌を食べることができないが、長期間生き続けてから再び成長を始めて成虫になれる。耐性幼虫の形成は、食料不足や過密によって引き起こされる。幼虫は、頭と尾にある感覚器でそうした危機的状況を嗅ぎつける。ちなみに感覚器の役割は、感覚の働かない変異体では寿命が長いうえ、普通より耐性幼虫をはるかに形成しやすいことによって明らかにされた。[19]

というわけで、Ｃ・エレガンスのインスリンシグナル伝達経路の役割は、周囲の状況にかんする感覚情報を利用して、成長の方向性を最も適切に定めることだ。状況がよくて食物が豊富なときには、Ｃ・エレガンスは繁殖をおこなってすぐに死ぬが、状況が悪いと耐性幼虫になり、状況が好転するまで耐え抜く。そして耐性幼虫の形成を引き起こす遺伝子に突然変異が起こると、偶然にか成虫の寿命も延びる。延命が起こる正確な仕組みはわかっていないが、インスリンシグナル伝達に影響を与える突然変異には、酵母や線虫、ハエ、マウスでも同様に寿命を延ばす効果があり、それらの突然変異体は、老化の原因となるガンなどの問題に対して野生型より強い。[20]

インスリンシグナル伝達経路に突然変異が起こると、さまざまな種で寿命が延びるのに、それがヒトでは糖尿病の原因となり生命を脅かすのは奇妙だ。理由はよくわかっていないが、インスリンのシグナル伝達には最適なレベルがあり、そのレベルが種によって、さらには組織によって異なるからだという説明が妥当かもしれない。[21]それぞれの生物は、どの遺伝子のコピーも二つ持っている。父親と母親から一つずつ受け継ぐからだ（C・エレガンスのように自分だけで子どもを作れる生物は、自分のなかに両親がいるようなものと言える）。C・エレガンスでも、daf-2遺伝子の一つのコピーに突然変異が起こると寿命が延びるが、両方のコピーに突然変異が起こると死を招く。ましてや哺乳類のインスリンシグナル伝達経路は、もっと複雑だ。線虫やハエでは、インスリンに刺激される遺伝子が一つしか見つかっていないが、哺乳類では、ほかの遺伝子もインスリンやインスリン様ホルモンの刺激を受ける。そのような遺伝子の一つは、インスリン様成長因子1（IGF-1）というホルモンに刺激される。つまり、IGF-1によってスイッチが入るのだが、その遺伝子の二つあるコピーの一つを働けなくする突然変異は、ヒトでもマウスでも寿命の延長と関係がある。[22]こうした知見から、栄養素（ブドウ糖）や成長のホルモン調節にかかわる遺伝子には、ヒトも含めてあらゆる種の寿命を延ばす作用があることがうかがえる。

TOR遺伝子、APOE遺伝子

手に入る栄養素やエネルギーに応じた寿命の調節について、ほとんどの生物で重要と考えられる遺伝子がもう一つある。それは、TORという名前のタンパク質を産生する遺伝子だ。TOR（ターゲット・オブ・ラパマイシン）は「ラパマイシンの標的」を意味する。なぜTORというかなり変わった名前がついたのかという話から、TORの進化の歴史が明らかになる。ラパマイシンはある細菌によって作り出される化合物で、真菌（カビ）を殺す作用がある。その細菌は、地球上で人が住んでいる場所としてはかなり辺鄙なイースター島――現地語で「ラパ・ヌイ」――で採取された土から見つかった。ラパマイシンは、細菌が化学兵器の一つとして作り出すもので、真菌を攻撃するために使われる。一方、逆の方向で使われる兵器の例を挙げれば、たとえばペニシリンは真菌が作り出す化合物で、細菌を殺す作用がある。細菌や真菌がミクロな世界の戦いで用いる化合物は、敵の重要な生命機能に的を絞ったものが多い。だから、実験で培養されている真菌の酵母にラパマイシンが添加されたとき、ほとんどの酵母細胞が害を受けたのは予想どおりだった。だが驚くべきなのは、一部の酵母がラパマイシンの影響を受けなかったことだ。ラパマイシンに対する耐性があった酵母の細胞には、ラパマイシンの標的となるタンパク質TORを作り出す遺伝子に突然変異があった。その後、この遺伝子は細菌や酵母のような単細胞生物だけでなく、植物や線虫、ハエ、哺乳類など、あらゆる多細胞生物で重要な機能を果たしていることが示された。
あとから考えれば、TORが発見された経緯は一風変わっていたとはいえ、このタンパク質がきわめて重要である可能性が高かったことがわかる。なぜなら、TORは微生物の戦争における標的だったからだ。そのような戦争においては、生命維持にかかわる標的を狙う武器が自然に選択される。また、TORが多細胞生物で見つかる可能性が高かったこともわかる。というのは、重要な生命機能を担う経路は進化によって保持されるからだ。それにしても、TOR遺伝子には、生命維持に欠かせないどんな普遍的な機能があるのだろう？　答えを言えば、TOR遺伝子は、アミノ酸などの利用できる原料やIGF-1などのシグナル伝達分子の状態に応じて、細胞の成長を制御するのだ。[23]
というわけで、TOR遺伝子も細胞の成長と維持においてバランスの調節に関与する重要な遺伝子であり、インスリンシグナル伝達経路と同じく、TOR遺伝子を操作すれば、実験でよく用いられる酵母や線虫、ハエ、マウスなどのすべての生物で寿命を延ばせる。たとえば、実験で六〇〇日齢のマウスにラパマイシンを与えると、寿命が約一〇パーセント延びた。[24]これをヒトに当てはめると、寿命が五〇歳の人の命が五年延びることに等しい。また、ラパマイシンはTORへの作用を通じて、老化による有害な影響の一部を弱めることができるようだ。ラパマイシンの効果について、これまでに得られている最も明確な証拠は、ハッチンソン・ギルフォード・プロジェリア症候群（略してプロジェリア症候群）として知られる非常にまれな遺伝病の患者から採取された細胞での実験だ。

プロジェリア症候群は四〇〇万人に約一人の割合で起こる病気で、たった一つの決まった遺伝子の突然変異によって引き起こされる。その赤ん坊は生まれたときには正常に見えるが、成長が遅れ、脱毛や皮膚の皺、動脈硬化など、普通なら六〇歳以上でしか見られない状態をきたす。プロジェリア症候群の子どもは一三歳までしか生きられないことが多く、心臓発作や脳卒中で亡くなることが多い。もっとも、プロジェリア症候群は老化と明らかに似ているとはいえ、単に通常の老化プロセスが加速した病気ではない。それは一つには、プロジェリア症候群は一つの遺伝子の突然変異によって引き起こされるのに対して、通常の老化に関与する遺伝子は何百種類もあるからだ。[25] それでも、ラパマイシンは、プロジェリア症候群の患者から採取された細胞の異常を正常に戻せることが見いだされている。[26] こうした発見から、この恐ろしい病気の治療法だけでなく、細胞で普通に起こる老化の影響を和らげる手立ても見つかるかもしれないという希望がもたらされている。[27] だがあいにく、ラパマイシンそのものは抗老化薬としてはふさわしくない。なぜなら免疫系を抑制するからだ。じつを言えば、ラパマイシンは、臓器移植の際に免疫系を抑制して拒絶反応を抑える目的で使われている。

今では、多くの遺伝子が実験では寿命に影響を及ぼすことが知られているが、それらがヒトの寿命に影響を及ぼすとしたらどの程度かというのは、わからないことが多い。だが、人間においてかなりの影響をもたらすと見られるものの一つに、APOE遺伝子がある。APOE遺伝子は、体が低比重リポタンパクコレステロール（LDL）や脂肪を処理するときに中心的な役割を果たす。この遺伝子には、専門用語で「対立遺伝子《アレル》」と呼ばれる型が少なくとも七つあり、老化に関連する病気や寿命に異なる影響を及ぼす。ヨーロッパ系の人びとのAPOE遺伝子では三つの型がよく認められ、それぞれイプシロン-2（ε2）、ε3、ε4と呼ばれる。ε4のコピーを二つ持っている人は、それ以外の対立遺伝子を持っている人に比べて、年を取ると心臓発作（心血管疾患）を起こして死亡する可能性が高い。[28] だが、ε3／ε4の組み合わせを持っている人はガンからある程度守られており、心臓発作による高い死亡リスクが相殺された形になっている。[29]

カロリー制限は効果あり？

オリバー・ウェンデル・ホームズ・シニアは、長寿遺伝子を与えてくれる長寿の両親を選ぶことを勧めたが、幸いにも、長生きの方法はそれだけではない。ベンジャミン・フランクリン（一七〇六〜九〇年）は、はるかに現実的な方法を提言した。節食である。この助言は、アルビゼ・コルナロ（ルイジ・コルナロという名で知られた）の個人的な体験に基づいていた。コルナロは一六世紀に生きたイタリアの企業家で、若いころに財をなしたが、それをつぎ込んで自堕落な生活に溺れた。三五歳のときには、でっぷり太っていたのはもちろん、今日で言えば2型糖尿病を思わせる症状がはっきりと現れ、かかりつけの医師から、生活を徹底的に変えなければあと一年も生きられまいと宣告されてしまう。そこでコルナロは心機一転、食事や飲酒の習慣を改めることにし、決して腹いっぱい食べず、腹一杯になる前に必ず食卓を離れるという方針を立てた。のちに彼が著した『節制生活にかんする論説』[30]（訳注：コルナロの邦訳書としては『無病法』［PHP研究所］がある）という小冊子では、このような生き方が提唱されており、コルナロの報告によれば、生活を変えたとたんに気分がよくなり始め、一年足らずですっかり回復して健康状態は絶好調になったという。彼のおもな食事は、今日のイタリア料理で「パナード」として知られる低カロリーのスープとグラス二杯のワインを一日に摂るというものだった。この食事では、おそらく一日の摂取カロリーが一五〇〇〜一七〇〇キロカロリーだったと考えられるので[31]、現在、男性の一日の適切な食事の量として推奨される二〇〇〇キロカロリーよりだいぶ少ない。ルイジ・コルナロは、現在なら生物学者が「食事制限（DR）」と呼ぶ、かろうじて栄養失調にならない程度の食事を摂る方法を実践したと言えそうだ。

コルナロは八三歳まで長生きした。それは当時のどの地域の平均寿命と比較しても、二倍を超える。コルナロの著書は何カ国語にも翻訳され、ついには大西洋を渡り、一七九三年にアメリカで、ベンジャミン・フランクリンが書いた健康にかんする随筆とジョージ・ワシントン大統領の推薦文まで添えられて出版された。[32] コルナロは、少食が健康にいいことを発見したわけではない。少食はしょせん医師の指示であり、常人にはできないほどひたむきに努力したとはいえ、それに従っただけだからだ。それでも、コルナロはむろん「節制生活」を実践した模範的人物となった。少食によって糖尿病はよくなったに違いないし、血糖値や血中インスリン濃度はきっと劇的に下がっただろう。

今日、コルナロの例を見習って、同様の断固たる決意で食事制限に取り組んでいる人びとがいる。このような人びとの一部は研究対象となっているが、単なる肥満の予防とはかけ離れた極端なカロリー制限によってヒトの寿命が延びるかどうかについて、結論はまだ出ていない。極端なカロリー制限には副作用もある。それを実践している人びとは、絶えず寒さを感じるし、当然エネルギー不足で、性欲が低い。[33] C・エレガンスの耐性幼虫段階に気味が悪いほど似た症状だ。私は個人的に、ウディ・アレンが言った「一〇〇歳まで生きたいと思う理由になるものをすべてあきらめたら、一〇〇歳まで生きられる」[34]という言葉に賛成する。ただし、注意すべき点がある。それは老年学の学者がよく用いるモデル動物の実験において、酵母からC・エレガンス、ショウジョウバエ、ラットまで、多くの種ではカロリー制限によって確かに寿命がかなり延びるが、サルを対象とした二つの研究では相反する結果が出たことだ。[35] 食事制限を長寿に結びつける遺伝経路をめぐる状況は必ずしも明らかではなく、これらの経路は種によって異なるようだ。それでも、例のインスリンシグナル伝達経路とインスリン様シグナル伝達経路が、究極の標的と見なされることが多い[36]。

本章を終えるにあたり、私はホームズのイメージを呼び起こし、私なりにホームズ流の提案をしたい。オリバー・ウェンデル・ホームズ・シニアは、ボストンのビーコン通りにある瀟洒《しょうしゃ》な自宅でお茶を飲みながら、八〇歳まで生きたいと思う人は「二人とも長寿の家系に属している夫婦を募集するといい」と勧めたが、彼の空想はずいぶん控えめだった。私に言わせれば、両親がともに針葉樹の系統に属していたら、あなたは四〇〇〇年以上生きられる。カリフォルニア州の有名なイガゴヨウなどの植物は、長寿の究極的な例だ。もっと言えば、こう不思議に思う人もいるかもしれない。植物はそもそも老化するのだろうか？

第5章　植物

長生きの鍵を探る

緑の導火線を通じて花を突き動かす力は
ぼくの緑の年齢を突き動かす。
木の根を吹き飛ばすその力は
ぼくを破壊する。
でもぼくは口がきけず、ねじれた薔薇に告げられない。
ぼくの青春も同じ冬の熱病にねじ曲げられていることを。
――ディラン・トマス（一九三四年）

ディラン・トマスは自分の詩で、題材のイメージを組み合わせたり衝突すらさせたりして、題材のあいだの結びつきを示そうとした。彼は、ほかの詩人に宛てた手紙にこう書いている。「き・

みの身体がどのように木を覆い、木の身体がどのようにきみを覆うのかを、きみの言葉とイメージで示してくれないか」[1]。科学でも自然の根底にある統一性が追求されるが、科学では自然のなかにある違いも追求の対象となる。遠い山間の谷に長寿の楽園がひっそりとあるという考えは、小説家の想像や健康オタクの空夢でしかないが、そんなシャングリラは人間にとっては夢想でも植物にとっては現実だ。というわけで、長寿の木を探す植物学者は、カリフォルニア州のホワイト山脈を登り、古い森で「メトセラ」や「族長」と名づけられたイガゴヨウに敬意を表することができる。最長寿のイガゴヨウは、二〇世紀半ばに幹から標本が採取されて年輪がかぞえられた時点で、樹齢がなんと四七八九年だった。じつは、さらに高齢の木がネバダ州にあったが、熱心すぎる学生が幹から標本を抜き取ろうとしたときに、握っていたドリルが壊れて幹から抜けなくなり、ドリルを回収するために切り倒された[2]。

　北アメリカでは、非常に高齢の木のほとんどは西部に生えているが、驚くべき例外がある。普通の森に生えていて調査もされないイースタンホワイトシダー（和名「ニオイヒバ」）は、寿命が短く八〇年で成熟する。だが、ナイアガラ断崖の絶壁を下りてカナダのオンタリオ州に入ると、同じ樹種のねじれた木々が生えており、一八〇〇本もの年輪があるのだ[3]。そそり立つ岩の割れ目に生えていると、厳しい日照りや養分の乏しいやせた土壌の影響を受けるうえ、無慈悲な盆栽剪定者のように根や枝を切断する滝の凍結や落石の危険にもさらされるため、ホワイトシダーの時間の流れは遅くなってほとんど止まっている。ホワイトシダーが岩にも命にも危なげにしがみついているなか、ほぼ露出した断崖のまわりでうなる風は、まるでルイジ・コルナロの幽霊のように「節食すれば長生きできる」というモットーをつぶやいているかのようだ。

無限成長

ゆっくりした成長と長寿には、確かにおおまかな関連がありそうだ。北大西洋の冷たい海で五〇〇歳近くに達する二枚貝は、ゆっくりと着実に成長する。高齢のイガゴヨウも、成長が遅い——じつは葉がまばらで、幹は風雨で傷み、枝は厳しい気候によって削れているなど、見た目も年老いている。これらの二枚貝やイガゴヨウに共通しているのは、成長が無限に続くことだ。どんなに成長が遅くても、成長の余地がなくなることはない。

無限成長は動物では珍しく、特定の魚やロブスター、サンゴ、軟体動物などの海洋生物でしか見られないが、植物ではほとんどすべての種が無限に成長する。植物やサンゴがいつまでも成長を続けるのは、それらが特別な方法で作り上げられるからだ。つまり、どれも連続したモジュールからできている。モジュールは、植物ではシュート（訳注：茎ないし枝と、それについている葉）に当たり、サンゴでは群体に当たる。各モジュールからさらなるモジュールが成長するので、植物やサンゴのサイズが大きくなったり、死んだモジュールが置き換えられたりする。このような仕組みによって、深海に生息する最長老のサンゴは何千年も生きているのだ。[4]

アリストテレスは、植物が長寿なのは、みずからを蘇らせることができるからだと述べた。そのときに、彼が無限成長の重要性を理解していたのは明らかだ。しかし、植物がどうやって無限に成長できるのかは知らなかっただろう。じつは不思議なことに、木の大部分は死んでいる。幹の内部では、樹皮の内側にある細胞の層のうち、外側の層しか生きていない。樹皮のすぐ内側にある層は「師部」と呼ばれる組織で、葉で作られた糖を根に届ける。師部の内側には分裂する細胞の層があり、「形成層」と呼ばれる。これらの分裂する細胞は、形成層の外面で師部を作り出す。形成層の内面では、細胞が分裂して「木部」と呼ばれる層ができる。木部の細胞は、何よりも死ぬことでみずからの機能を果たす。木部の細胞が死ぬと、中空の道管が形成される。その端と端が繋がってパイプになり、葉や、ほかの生きている部分に根から水を運ぶ。

形成層細胞の分裂速度は環境に左右されるので、季節によっても年によっても変わる。温帯地方では、形成層細胞の分裂が最も盛んなのは春で、その時期に直径の大きな管ができる。そして数カ月が経ち、気温が下がって水が少なくなると、新しく作られる木部の道管はだんだん細くなり、冬になると成長が止まる。それから春が巡ってきて、このサイクル全体が繰り返される。一サイクルの終わりにできる細い道管と、続いて春にできる太い道管が順に並んでいくことによって、はっきりした成長輪が形成される。成長輪は幹の横断面で見ることができ、一つの輪が木の生涯における一年の経過を表す。

老木の生命力

カリフォルニア州の山脈にある植物のシャングリラを訪れると、老木が長い生涯のあいだに耐えてきた試練の名残が見つかる。たとえば、セコイア国立公園の森には「シャーマン将軍の木」と名づけられたジャイアント・セコイアが生えている。シャーマンの森は、賑やかなリゾート地でもあり崇高な巡礼地でもある。騒がしい観光客が、畏敬の念に満ちた自然愛好家と競り合い、その巨木の前で写真を撮ろうとして、みな押し合いへし合いをする。それは樹齢二〇〇〇年の大木で、重さはジャンボ・ジェット六機ぶんほどある。その木は、まるで奇跡のように、もともと一粒の米の重さしかない種子から発芽して成長した。

シャーマン将軍の木は、気の利いた計らいで、一九世紀にこの木が伐採されるのを止めた英雄的な軍人シャーマンの名を与えられている。その木は、神々の王ゼウスの立派な神殿に立つ、縦溝の入った巨大な柱のようにそびえている。巨大な幹は、根のあたりからほとんど先細りせずに六〇メートルほど伸びているが、てっぺんの枝が枯れているので、それより高く成長することはできない。幹は、半分の高さくらいまでは枝がほとんどないが、側面から接ぎ木の枝のように張り出した一群の枝葉から十分な栄養が摂れるので、年々、太くなる。その体積は、かなり大きなオーク一本ぶんに相当するほどだ。

　このジャイアント・セコイアの長生きの鍵は何だろう？　樹齢で言えば最長寿の樹種（後に紹介するクローン樹種は除いて）に二、三〇〇〇年ほど及ばないとはいえ、ほとんどの生物には耐えられないような数々の逆境を乗り越えないと、二〇〇〇年も生きられるはずはない。それに、森にはただでさえ至るところに死の気配があふれている。地面には、わずか数百歳で枯れて倒れた木の幹があちこちに転がっている。木々のあいだには、発芽から開花、結実、枯死までのすべてを一年未満で終える小さな植物が群生している。強力な鉤《かぎ》爪で倒木の腐った木部を裂いてカブトムシの幼虫を捕らえるクロクマは、大型の獣で恐れるべき天敵もいないが、運がよくてもわずか五〇年で一生を終える。私たち人間も、自然な状態ではクロクマより少ししましな程度でしかない。狩猟採集民が生きられるのは七〇歳くらいまでだ。[5]

　そのジャイアント・セコイアには、死との小競り合いによる傷跡がある。シャーマン将軍や、まわりで同様に昔から生えている戦友たちにはみな、大きな三角形の傷が見られる。火災で樹皮がはぎ取られたのだ。これらの楔形をした炭黒色の傷は、ほとんどのジャイアント・セコイアの根元のほうにあり、高さは一、二階建ての建物に相当するほどで、厚い樹皮を貫いて内部にまで及んでいる。焼け焦げの痕は、ジャイアント・セコイアが火の試練を受けたことを示すだけでなく、それに打ち勝った証でもある。セコイアの樹皮は丈夫で火に強い。

さて、古いイガゴヨウはジャイアント・セコイアよりさらに老けて、風雨にさらされ、長く生きているぶん荒波にもまれているように見える。そのような高齢の木は、老化するのだろうか？短命の種なら、死亡率の経時的な増加を老化の指標にすることでこの問いに答えられるが、イガゴヨウでは対象の木が少なすぎてできない。だが代わりに、重要な生命機能の低下に目を向ける手がある。実際に、樹齢が数千年の古いイガゴヨウと、まだ数十年の若いイガゴヨウが比較された。その研究によれば、なんとも驚くべきことに、老木の形成層が若木と同じくらい活発に成長していることがわかった。シュートの成長速度も同様だった。老木が作り出す花粉や種子さえ、若木のそれらと同じように生命力があった。[6]高齢のイガゴヨウは、枝が節くれて曲がっているので老いぼれた印象を与えるが、それは錯覚でしかない。近年、それらの木が生えている森林限界付近では気候温暖化が進んでおり、老木は現在、過去三七〇〇年のどの時代にも増して急速に成長している。[7]

長寿の木はすべて針葉樹だが、針葉樹は世界中でわずか六二七種しかない。[8]この少なくてずいぶん正確な数値は、新しい樹種の発見によってじわじわと増える可能性がある。たとえば、つい一九九四年にも、ウォレミマツという新種がオーストラリアのシドニーに近い峡谷で発見された。それでも、生物種の数で、ここまで正確な数値はおそらくほかにないだろう。それに引き替え、種子植物にはもう一つ、おもなグループとして被子植物があるが、その種数は膨大で正確にはわかっていない。たぶん、知ることはできないだろう。ある推定によれば、被子植物は約三〇万種あるそうだ。そのうち約六万種が樹木で、多くの「目《もく》」に分かれている。[9]

被子植物の樹種の大多数は、熱帯林に生えている。文筆家が熱帯林を描写するときに形容詞を一つだけ思い浮かべるとしたら、特に熱帯林を見たのが初めてならば、「原始的」ではないだろうか。この言葉は、高く閉ざされた林冠の下に広がる暗闇や、見上げるほどの巨木を見たら自然に浮かんでくる。それはそうと、熱帯林がどれほど古くからあるとしても、木そのものはどうなのだろう？　そのような問いには、温帯の木ならば、年輪をかぞえることで簡単に答えられる。だが、熱帯には木の成長が止まる寒い冬がないため、熱帯の木には年輪はないと長らく考えられていた。しかし、そのような推測は短絡的だ。確かに、熱帯の木では、温帯の木のような成長の明確な変化は認められないが、熱帯の木が一年を通して同じ速さで成長するわけではない。熱帯でもほとんどの環境で、気候が季節的に変わる。ただし、変化するのは温度ではなく雨量だが。いずれにせよ、こうした季節的な変化は木の成長に影響を及ぼすので、熱帯の木でも、木部に明らかな変化の跡が残る。現在では、幹の成長を精密に測定して木部の成長の変化を比較すること、標識をつけた木の調査を繰り返すこと、そして放射性炭素年代測定法を用いることによって、熱帯の多くの木で年齢が測定されている。[10]　じつは、それらの結果が、熱帯の木の樹齢を測定している学者のあいだで熾烈な論争を引き起こした。

一九九八年、伐採権を認められた中央アマゾンの地域で、研究のために木々が切り倒され、サガリバナ科のカリニアナ・ミクランタという種に属する最大の木が、少なくとも一四〇〇歳になっていると推定された。[11] 高齢の木々では、一生を通じた平均の成長速度が一年に直径でわずか〇・〇八ミリメートルほどだったのに対し、まだ二〇〇歳の木々では、その速度は六倍あった。この結果が初めて発表されると、騒ぎが巻き起こった。というのは、熱帯林は移り変わりが激しく、嵐などの原因で木が枯死する確率が高いため、森全体が約四〇〇年ごとに入れ替わることが知られていたからだ。[12] 木が森よりはるかに年を取っているなどということが、ありうるだろうか？　急速に成長する熱帯の木のなかには、数百年どころか、わずか数十年で命を終えるものもある。だが、その研究による証拠は、アマゾンの熱帯雨林などの熱帯の地域に、樹齢が一〇〇〇年を超える木があることを今やはっきりと示している。[13] また、その証拠から、特に高齢の木では成長が非常に遅いことも確認されている。[14] これらの古い巨木は木部の目が詰まっているので、森のほかの木を倒してしまう周期的な気候変動を生き延びられるようだ。もっとも、知られている限りでは、熱帯の木の寿命は、超高齢のセコイアやイガゴヨウとは比較にならない。

短命の木は老化するだろうか？　樹齢の長くない木も、何らかの理由で命が制限されるに違いない。幸い、木も含めて、短命の植物については死亡率のデータがあり、たとえばメキシコに生えるアストロカリウム・メキシカヌムというヤシなどは、間違いなく年とともに死ぬ確率が高くなる。[15] 私は自分でも、それが明らかにわかる例をニューヨーク州北部のアディロンダック山地で調べてみた。その一帯では、ホワイトフェース山に生えているバルサムモミの命が出し抜けに終わる。バルサムモミは八〇歳に近づくと、氷や猛烈な冬の風によって葉が落ち、特に背が高くて年寄りのモミが立ったまま集団で枯死する。[16] これは明らかに環境が死をもたらす極端な例だが、針葉樹でもほかの木でも、年を取ると枝が落ち、葉の茂りが薄くなって樹冠が透けて見えるようになることは珍しくない。そのような木は老化するのか？ あるいはイガゴヨウと同じで、老けたように見えるのはうわべだけだろうか？

この問題は、老木のてっぺんからシュートを取り除いて若木に接ぎ木する実験で調べられてきた。その結果、針葉樹でも広葉樹でも、接ぎ木された老木のシュートが、若木のシュートと同じくらい元気に成長することが示されている。[17] したがって、必然的に次のような結論が導かれる。木の寿命を制限する原因が何であれ、それは細胞が分裂して木が元気に成長し、生命力のある子孫を作る能力が年を取って低下することではない。

植物ではガンは転移しない

動物と同じように、植物でも細胞分裂する能力はもろ刃の剣である。細胞分裂は命を長く保つための再生や修復に欠かせないが、一方で分裂時に突然変異が起こり、それぞれの新しい細胞が変異体になる可能性もある。植物は事実上、細胞分裂を無限におこなうので、突然変異によって細胞分裂が暴走する危険性はきわめて高いはずだ。しかし、突然変異や、さらには細菌やウイルスや昆虫の攻撃によって腫瘍が生じる可能性はあるとはいえ、植物ではガンが有害なレベルに至る心配はほぼないらしい。この情報には立派な典拠がある。ジェームズ・ジョイスの『若い芸術家の肖像』（邦訳は『若い藝術家の肖像』〔丸谷才一訳、集英社〕など）だ。ジョイスはその作品で、とある綴り字のテキストから次のような滑稽詩を引用している。[18]

ウルジーがなくなったのはレスター修道院《アベイ》、
ねんごろにほうむったのは修道院長《アボット》たち。
根瘤病《カンカー》は植物の病気、
癌《カンサー》は動物のわずらい（前掲書より引用）

もっとも、ジェームズ・ジョイスの作品を読んだことがあれば、彼がどんな話題についても説教すると知っても驚かないだろうが。さて、植物が致命的なガンから守られている理由の一つは、細胞が箱のような細胞壁によって固定されており、動物の体とは違って、ガンが植物体に広がらないからに違いない。人間では、転移という現象によって大勢のガン患者の命が奪われるが、植物では転移は起こりえない。また、植物の細胞分裂が、周囲の細胞の影響によって動物より厳しく制御されていることも示唆されている。そのため植物では、突然変異した一つの細胞が増殖して制御できなくなる事態は、ずっと起こりにくいのだ。[19]

植物の芽でも突然変異が起こることはあるが、その影響は局所的なものにとどまり、一つの芽から、ほかの部分とは明らかに違う葉や枝が出てくることもある。そうした気まぐれな枝は、園芸学で「枝変わり」と呼ばれ、そこから新種ができて大きな商業価値をもたらすことがある。多くの伝統的なリンゴや花の品種が、枝変わりによって誕生した。[20] それでも、このような突然変異で別の種ができることは驚くほど珍しい。たいていは、突然変異した細胞が、その組織のなかで野生型に置き換えられるからだろう。[21]

成長が遅いほうが長生きできる

細胞を見る限りでは、どの木もイガゴヨウのように長生きし、死なない可能性すら秘めている。それなのに、なぜ木の寿命は異なるのだろう？　木によって寿命が異なることは、中世にウエストミンスター寺院の大敷石床に生物学的宇宙論が刻まれるより前に知られていた。宇宙の年齢を知るための数式のようなものが、伝統的なアイルランドの詩で謳われており、それは大敷石床が作られた時代より四〇〇年前のものと見なされている。その式は次のように始まる。「杭《くい》は一年。野原は三年」。そして終わりは次のような文言だ。「世界の始まりから終わりまでは、イチイの寿命の三倍[22]」。ヤナギの杭（挿し木）は一年で成長するが、イチイは成長がとても遅く、太古から生きている。したがって、ほかのすべての寿命が、ヤナギの杭とイチイの木の年齢のあいだに収まるというわけだ。イチイはヨーロッパに分布する針葉樹で、赤い実をつける。昔から霊的なものと関連があるとされており、詩人が好んで取り上げる。ウィリアム・ワーズワースは、イギリスの湖水地方に生えているイチイの木について次のような詩を書いた。

ロートン谷が誇るイチイの木
今日まで単独で立っている
みずからの暗がりのなかで昔に立っていたように
……
太い幹周りに深い暗闇
この孤高の木よ！
ゆっくりと成長し決して衰えない生けるもの、
このうえなく見事な形と姿を備え
滅びることはない[23]

ワーズワースの「ゆっくりと成長し決して衰えない生けるもの」という言葉は、緩やかな成長と長寿の関連性という現在の知識のこだま、いやむしろ先取りと言える。じつは、彼がこの詩を書いてからほどなく、そのイチイは嵐によって幹が裂け、八メートルほどあった中間あたりの幹周りが半分くらいになってしまったが、裂けた幹のどちらにも余生があった。もげてしまった半分は椅子に加工され、ワーズワースが生まれた町である近くのコッカーマスで、市長の背中を支えた。残った半分は、今もロートンで生き延びている。[24]

木が成長して幹の直径が太くなると、木部の道管は圧縮されて心材を形成する。これらの道管はもはや水を通さないが、幹に物理的な強度を与える。木部の物理的な性質や化学的な性質は樹種によって大きく異なり、そのような性質によって、風やほかの木の倒壊による物理的なダメージや、真菌や昆虫の攻撃に対する木の強さが決まる。木の生存についてワーズワースが述べたルールは、ロートン谷ではもちろん熱帯でも当てはまり、じつに一般的なものだ。成長が遅くて木部が密な木は、死亡率が低く長生きするが、ヤナギやカバノキのように成長が速い木は、わずか数十年で枯れて死ぬ。[25]

長寿の木は、身を守るために化学物質も利用する。たとえば、針葉樹が作り出す香りのよい樹脂は木の重要な兵器であり、木が損傷したときには、殺菌作用のある物質で傷ついた部分を覆う。乾燥させたポンデローサマツの心材には、重量で八六パーセントもの樹脂が含まれている場合がある。[26] イースタンレッドシダー（和名「エンピツビャクシン」）の木材から抽出される油は、シロアリやガの防虫剤として効果がある。ニューイングランドでは伝統的に、その木材で裏打ちをした衣類箱が、夏のあいだに冬物をガの被害から防ぐために使われた。防御用の化合物は木の色を暗くする傾向があるので、たとえば白っぽい木材が合板になっていたら、化学的な防腐処理が必要だということが一目でわかる。一方、よい香りのするウエスタンレッドシダーの木材は、腐敗や虫に対する抵抗性がもともと高いうえ、とても軽い。だから、アウトドア用の建造物の材料としてもってこいだ。私はこのすばらしい木材製の温室を持っているので、腐敗に強いことを証言できる。高齢のウエスタンレッドシダーは、大きさと威厳の面でセコイアにも劣らないほどで、一〇〇〇年を優に超えて長生きする。植物に限らず、魚類や両生類、爬虫類でも、化学的な防御手段を持つ種は、そうでない親類種より長生きするが、それは当然かもしれない。[27]

「生き急ぎ、若くして死ぬ」というルールは、同じ種のなかでも当てはまるように見える。この最たる例が、イースタンホワイトシダーだ。すでに見たように、イースタンホワイトシダーは、深い森の土壌では速く成長して一〇〇年足らずで死ぬが、岩の割れ目でかろうじて生きることを余儀なくされると、一〇〇〇歳にも達する。年輪にかんする複数の研究から、集団のなかで特に長生きする木は、仲間の木と比べて、比較的ゆっくりした成長のペースを一生のあいだ保っていることが見いだされている。[28] これは驚くべき知見である。なぜなら、成長が速ければ植物は大きくなるので、生き残りに有利ではないかと想像できるからだ。しかし、速い成長には、ストレスに対する抵抗性が低いという代償が伴うらしい。たとえば、ゴボウやアメリカオニアザミ、ジギタリスなどの多年草種を用いた実験によれば、通常の条件だと、成長の速い個体も成長の遅い同種の個体と同じくらい長生きし、種子の数はむしろ多かった。だが、葉をむしってストレスをかけると、それ以降の生き残りと種子の生成は、成長の速い個体のほうが、成長の遅い個体よりはるかに劣った。[29] 成長の速い個体は、資源を成長のために使ってしまったが、成長の遅い個体は資源を蓄えていた。ということで、ストレスの多い条件では、倹約家のほうが浪費家より有利だったのだ。

自然環境下では、死亡率はしばしば不規則に変動する。どの年齢の個体もあまり死なないような恵まれた時代もあれば、死亡率が高く、隠れた弱さが逆境で試されるような悪い時代もある。このパターンはC・エレガンスを用いた実験でも見られ、ストレスのない条件では、daf-2変異体のほうが野生型より長生きするが、ストレスがかかると、野生型のほうがdaf-2変異体より有利なことが示されている。[30] 同様に、ヘラオオバコの老化研究によると、保護された温室という条件では、通常とは違い、死亡率は年を経ても上がらなかったが、日照りが起きた野原では、死亡率が年とともに著しく上がった。[31]

一万歳の木の秘密

飛び抜けた長寿のことがニュースになるのは巨木ばかりだが、もっと長生きする植物もある。例として、私が現地調査で南アフリカ共和国を訪れた際に出会った植物を紹介しよう。イギリスでは「エドワード七世」と言えばジャガイモのことだが、南アフリカ共和国ケープ地方のディープワレ森では、エドワード七世は一本の木だ。王者にふさわしく、幹周りは七メートルほど、高さは四〇メートルほどあり、樹齢は六五〇年を超える。枝がまばらで薄くなりつつある林冠は、森のほかの部分より高く位置しており、枝の先のほうは灰色がかった緑の葉で覆われ、黄緑色の苔が束になって髭のように枝から垂れ下がっている。J・R・R・トールキンの小説に登場する「エント」という種族が存在するとしたら、このそびえ立つ髭を生やした木こそ、そうだろう。ガイドブックには、このウテニカ・イエローウッドが南アフリカで最長寿の部類に入る木だと書かれているが、じつは違う。[32] エドワード七世は、「最長寿」には一万年ほど及ばない。少なくとも、その栄冠はわれにこそあるとする別の主張を信じるならばだが。

ディープワレから一〇〇キロ足らずのところに、リトル・カルーという乾燥した地域がある。現地のアフリカーンス語では、「遠い僻地」という意味の「フィルハーレヘン」と呼ばれている。私はリトル・カルーについて誰よりくわしい植物学者のヤン・フロックとともに同地を訪れた。私たちはリトル・カルーの中心にある、眠たげでのどかなオウツフールンという町から出かけた。ヤンは、南アフリカで「バッキー」と呼ばれる四輪駆動車の運転席に贅肉のない体を折り込み、いつものタバコを吸って煙を吐きながらアクセルを踏んだ。出発だ。

私たちは舗装された道路を二〇キロほど進んでから、山に向かう未舗装の道に入り、車を飛ばして赤い砂ぼこりを残しながら、家畜と乾燥地に生える餌用の低木を囲ってある金網のあいだを走った。それから突然、ヤンがバッキーを止めた。私たちが車を降りると、ヤンは金網のすぐ内側に生えている小さな冴えない木のほうに手招きをして言った。

「グワリーの木だよ」

「あれが？」と私は訊いたが、声には明らかに落胆の気持ちが強くにじんでいた。ヤンから、リトル・カルーで最長寿の木は小さいと聞いてはいたが、少なくとも樹齢は一万年と彼が言っていた木が、こんなに平凡な見かけとは思いもよらなかった。グワリーについて彼が話してくれたのは、次のようなことだ。

「遠い僻地」ではるか昔、つまり今から一万二〇〇〇～一万年前に最後の氷河期が終わるころ、気候は現在より湿潤で、グワリーの木は亜熱帯の低木地帯に生えていた。リトル・カルーのグワリーはすべて、この地に根づいたわずか一つかごく少数の種子から生えたに違いない。なぜなら、今日生きているグワリーの木は、みな遺伝的に同一だからだ。このささやかな始まりから集団全体ができたのだから、きっと好条件がそろっていたのだろう。だが、それから気候が乾燥していき、新しい木は育たなくなった。ヤンの話によれば、現在では、グワリーの種子が発芽できる量の雨がときどき降るものの、乾燥した土壌の深いところにある水に根が届いて、生き延びるのに必要な水分が得られるようになる前に、若木は例外なく日照りで死んでしまうという。生き残るのは、灌漑されているプラム園の近くで発芽した若木だけだ。リトル・カルーのこの地域では、降水量が年間六〇〇ミリを超えることは珍しく、ずっと少ないこともよくある。グワリーの若木がしっかりと根づいて育つようになるには、三、四年にわたってかなりの雨量が必要だが、気候記録によれば、この地域でそれだけの雨が降ることは決してない。

それにしても、一万二〇〇〇～一万年のあいだ、グワリーの集団に新しい木は本当に生えなかったのだろうか？　もしそうならば、今日ある木々は少なくとも一万歳に達していることになり、集団全体が、エジプト最古のピラミッドにある何と比べても二倍古いうえに生きているのだから、非常に貴重だ。急に、このグワリーがずっと興味深く見えてきた。だが、グワリーの木は、どうやってそんなに長生きできるのだろう？　その答えは地下に隠されている。それぞれの木は、地下にあるかなり大きな幹から発芽する。その幹は木のサバイバルカプセルで、木が燃えたりゾウに食べられたりしてしまったときには、再び発芽して後継になれるのだ。私はグワリーの下に何があるのか見たくてたまらなかったが、労働者たちの助けもなければ、親切な地主もおらず、保護種のことに口出しする当局の許可も得ていない状況では、ヤンは当然、私の願いに応じるわけにはいかなかった。

グワリーの記録的な長寿を示すものは、少なくとも現時点では状況証拠しかないが、長寿の可能性は十分にある。なぜなら、このような例はグワリーに限られるわけではないからだ。たとえば、アメリカ南西部の砂漠が原産で、乾燥地に生えるクレオソート・ブッシュという低木がある。クレオソート・ブッシュは、その低木から四方八方に伸びる地下の根によって広がり、まわりに遺伝的に同一な新しい木が生える。このような遺伝的に同一な無数の個体からなる植物は、「クローン」だと考えられている（サンゴなどの群体動物もそうだ）。年を取ったクレオソート・ブッシュが死ぬと、新しいクレオソート・ブッシュの集団が同心円状に生まれ、古い木と入れ替わりながら、池にさざ波が立つように、もとの中心から外側に広がっていく。このさざ波の広がり方は非常に遅い。モハーベ砂漠で最も大きな「キング・クローン」と呼ばれる輪は、現在の成長速度を基準にすると、樹齢が一万一七〇〇年に達すると推定される。[33] これは、これらクレオソート・ブッシュのクローンが、モハーベ砂漠そのものと同じくらい古い時代からあることを意味する。モハーベ砂漠ができたのは、南アフリカのリトル・カルーのように、最後の氷河期が終わったころだ。

クローン植物は大変な高齢にまで到達できるが、[34] クレオソート・ブッシュやグワリーの木などの古いクローンは、古い遺伝系統から発生した若枝のみからなるので、高齢のイガゴヨウやウテニカ・イエローウッドとは違う部類であり、同じ意味で高齢と見なすべきではないと主張する生物学者もいる。[35] これらの保守派は、高齢の木のエドワード七世には名誉の冠を授けるだろうが、同じ名前を持った一〇〇〇歳を超えるジャガイモのクローンは王位詐称者として追い払うだろう。だがじつのところ、どんな老木でも本当に古い部分は死んでいるので、二者の違いは見かけよりはるかに少ない。老木を生きながらえさせているのは、それらの木の若いシュートだ。それで、高齢のイガゴヨウと、クレオソート・ブッシュやジャガイモとの本当の違いは、イガゴヨウの若いシュート同士をつなぐ枝が地上にあるのに対し、クレオソート・ブッシュやジャガイモの若いシュート同士をつなぐ、あるいはかつてつないでいた枝が地下にあることだけだと言っていい。

高所を仰ぐ保守派か、地下に潜る反抗分子か？　私はもともと平等主義者だが、あなたは自分で決めてくれればいい。だが生物学的に言えば、違いは結局のところ、若いシュート同士をつなぐ部分がどれほど長持ちするかに尽きるようだ。木のように、その部分が地上にあるならば、木部は死んでいるとはいえ、その耐久性は木が長生きするために欠かせない。なぜなら、シュートは幹に支えられて、根につながる通路を得ているからだ。だが、クレオソート・ブッシュのように、若いシュート同士をつなぐ部分が地下にあるならば、それぞれのシュートが別々に根系を構築できるので、灌木同士のつながりはそれほど重要ではない。そのようなつながりが長持ちする期間は、クローン植物によってさまざまだ。たとえば、エゾヘビイチゴなどの植物ではあまり長持ちしないが、何百歳にもなるクローンを作るワラビではもっと長持ちする。[36]

長生きするクローンは老化するかというのは、興味深い問いだ。だが、たとえ老化するとしても、どうすればそれがわかるだろう？　古いクローンの死亡率を測定することはほぼ不可能だが、有性生殖をするクローン植物では、老化の指標として性機能の衰えを探す手もありそうだ。そのような研究がカナダのブリティッシュコロンビア州でおこなわれ、クローンに属しており樹齢が一万年に達するアメリカヤマナラシで、受精能力のある花粉の生成量が測定された。[37]それによると、花粉の受精能力は、個々の木の樹齢には影響されなかったが、その木が属するクローンの年齢によって影響を受けた。とはいえ、一万年のクローンでも、古いクローンの花粉の受精能力はわずか八パーセントしか低下していなかった。これは統計学的には有意な低下だが、一万年もの時間で見た場合には、生息地の環境変化が激しくて、この程度の老化は生物学的には重要ではないだろう。それに、人間の男性の生殖能力が、三〇歳から五〇歳にかけて三分の二にみるみる低下することからすれば、たいしたことはない。[38]

一年生植物とC・エレガンス

植物のなかで一つだけ、老化が予測でき、急激な老化が死につながるグループがある。一年生植物だ。一年生植物のなかには、ケシのように華やかな花を咲かせるものもあれば、シロイヌナズナのように、祖先のセックスのささやかな痕跡である小さくて目立たない花をつけるものもある。だが、どの一年生植物も、発芽してから種子をつけて枯れるまでを一年未満で終える。一年生植物は、どんな原因で急激に枯死するのだろう？　その答えは、ひとたび植物の成長過程を理解すれば、驚くほど単純なものだとわかる。

植物の成長の源となるのは、分裂して多くの細胞を作り出すことを専門とする細胞の集まりだ。このような新しい細胞の源泉は、動物でも見いだされる。たとえば、胃腸の内側の細胞を週に二回入れ替えたり、体中のほかの細胞を置き換えたりする幹細胞だ。植物では、このような源泉は「分裂組織」と呼ばれる。分裂組織細胞の層が形成層で、師部や木部の特別な細胞を作り出すことに専念する。それぞれの芽や各枝先の成長点には分裂組織があり、新しいシュートや花を生み出す。新しいシュート自体にも分裂組織があるので、成長は果てしなく続く可能性があるが、花には分裂組織がない。したがって、芽から花が咲いたら、茎や枝はもはや同じ軸に沿って成長し続けることができなくなる。

一年生植物は、芽が出てから短期間が過ぎたのち、ほとんどの芽が花の生成に切り替えられ、その結果として葉や茎や根の成長が終わる植物だ。こうした爆発的な繁殖活動によって、植物の利用可能な資源はすべて消費される。そのため、花を咲かせる状態に切り替わらなかった残りの芽では、成長に必要な資源が足りず、その植物は枯れる。それに対して多年生植物は、成長のために一部のシュートを温存し、花をつけられる芽の一部しか実際には花が咲かないようにすることで、何年も生き続ける。多年生植物はほとんどの場合、コストを負担しても生きていけるほど十分に大きく育ってから初めて花を咲かせる。だが一年生植物は、しかるべき季節が巡ってくると、どんなに小さな植物でも花が咲くことが多い。多くの一年生植物は、たとえ高さが五〜六ミリほどのちっぽけなものでも、みずからの葬儀用に花を咲かせるのだ。

開花は一般に、季節的な環境の合図によって引き起こされるが、ある植物がそうした合図に反応するかどうか、またどれだけ反応するかは遺伝子に支配されている。つまり「花成遺伝子」というものがあり、その遺伝子によって、植物が一年生植物として振る舞って枯れるのか、多年生植物として振る舞って老化を遅らせるのかが最終的に決まる。[39] 一年生植物と短命の動物C・エレガンスの一生が似ているさまは驚くべきものだ。どちらの生物も、遺伝子スイッチを入れることによって寿命を延ばせるが、何らかの理由によって、爆発的な繁殖活動が起こるようにスイッチを切った状態が、進化の過程で選ばれている。

モジュール型と非モジュール型

本書でこれまでに見た寿命や老化の例を振り返ると、いくつかのパターンが明らかになるが、その一方で、未解決の大問題が一つ浮かび上がってくる。明らかになったのは、老化、すなわち年とともに進む生物学的機能の低下は、寿命を決定する要因の一つだが、最も重要なものではないということだ。それは、平均寿命が過去二〇〇年で二倍にもなった私たち自身の種で示されている。ただし、ヒトの老化は、だんだん先延ばしにされてきているとはいえ、老化そのものが減少しているわけではない。

ほとんどの動物種が老化の影響を被るが、一部の植物や、モジュールがつながった形の動物は被らないように見える。この違いによって左右される唯一の点が、これら二つのグループが到達できる最大寿命だ。最長寿のモジュール型生物は、数千年（針葉樹やサンゴ）ないし数万年（クローン植物）の単位で測られる寿命を持つ。一方、非モジュール型生物の長寿記録保持者は軟体動物のアイスランドガイだが、寿命はせいぜい五〇〇年だ。とはいえ、ほとんどの動植物種の寿命は、はるかに短い。ケシのような短命の植物種は、一二カ月の終わりには枯れるし、わりと短命の木は一〇〇年ほどで老い始める。だが、その原因は、植物細胞が分裂して成長する能力の本質的な限界ではなく、体の維持力の低下だ。そうなることは、進化によって許容されている。いや、支持さえされているのかもしれない。

私たちは、進化には寿命に手を加える力があることを知った。その点は、親類種のあいだで平均寿命がどれだけ違うかを考えてみれば明らかだ。たとえば、齧歯類だけを取り上げても、マウスの寿命は一、二年だが、ハダカデバネズミの寿命は少なくともマウスの一〇倍ある。種によってこれだけ差があるということは、寿命には遺伝的基盤があるということだが、もっと驚くべきなのは、種のなかでも寿命に遺伝的変異があることだ。また、C・エレガンスで寿命の違いをもたらす遺伝子の解析から、実質的に同じ遺伝子が、酵母からヒトまで、さまざまな種の寿命に影響を及ぼすという驚きの事実も明らかになった。件《くだん》の遺伝子は、生物における栄養素の利用をどう調整するか、そして成長や繁殖、体の維持といった対立するニーズに栄養素をどう振り向けるかに関与している。

以上見てきたように、植物やサンゴを含めたあらゆる生物において、寿命は、成長、繁殖、修復という選択肢のなかでの柔軟な妥協によって定まるように見える。この結論から、私たちは次に取り組むべき未解決の大問題にぶつかる。その問題とはこれだ——老化を遅らせることが可能で、寿命がそれほど変えられるものならば、なぜ、老化そのものがなくなって寿命が無限に延びるように自然選択は働かないのだろう?

第6章 自然選択

進化にとって老いと死とは何か

E、ぼくは進化（Evolution）のために歌う
V、先見性のある（Visionary）解決法
O、種の起源（Origin）
L、決して途絶えない命（Life）
V、人類の勝利（Victory）
E、心を解き放て（Emancipate）
指は一つの方向を指し示す
それこそが自然選択
――スティーブ・ナイトリー「進化」[1]（訳注：各行の最初の文字をつなげるとEVOLVE、つまり「進化する」という意味になる）

西アフリカのハウサ族には、次のような伝説がある。[2] 二人の老人が連れだって長旅をしていた。暑くてくたびれ、服はぼろぼろで埃だらけ、持ち歩いていた瓢箪《ひょうたん》の水筒は空っぽだったので、新鮮な水を探さなくてはならないという話になった。それから二人は、干上がった河床を見つけてたどっていき、丘の麓で岩のあいだから湧き出ている泉にやっと行き当たった。泉のそばには若者がいて、岩に腰を下ろしていた。二人は水を飲んでいいかと尋ねた。

「どうぞ」と若者は答えた。「ですが、年上の方に先に飲んでいただきましょう。このあたりでは、そのようなしきたりなのです」

老人の一人が言った。「私は〝生〟。だから、私のほうが年上だ」

すると、もう一人が口を開いた。「いや、違う。なぜなら、私は〝死〟。だから、私のほうが年を取っているよ」

〝生〟が言った。「そんなはずはない。〝生〟がなければ、〝死〟はありえない。だから、私のほうが、あなたより年上だ」

「とんでもない。命が生まれる前に存在していたのは何か？　無と死だけではないか。だから、私のほうが、あなたよりうんと年上だよ」

泉のそばにいた若者は、二人の論争がすぐには決着しないことを見て取ったが、〝生〟と〝死〟への敬意から岩の上に辛抱強く座り、どちらかが喉の渇きのあまりプライドをかなぐり捨てるのを待った。とうとう、〝生〟が若者のほうを向いて言った。

「仕方がない。お若いの、おまえさんは私たちの言い分を聞いていただろう。〝死〟と私のどちらが年上なのか選んでくれないかね」

この頼みを聞いた若者は、頭を悩ませた。〝死〟を選んだら〝生〟の機嫌を損ねるだろうし、そうかといって、〝生〟を選んだら〝死〟を怒らせるのではないかと思ったからだ。そこで、若者は如才なくこう答えた。

「私はずっと話を聞いてきましたが、お二人とも賢くて真実を語られました。死なくして生はありえませんが、生なくして死もありえません。ですから、お二人は同い年です。どちらかが年上ということではありません。お二人ともに水をお飲みいただきましょう」

若者はそう言って、澄んだ泉の水を入れた大きな椀を二人の老人に渡した。〝生〟と〝死〟は、その椀から一緒に水をごくごくと飲んだ。

死に対するこうした見方は、ハウサ族のあいだだけでなく多くの地域で認められる。〝生〟と〝死〟はいつも共に旅をしている道連れで、同じ椀から水を飲む。若いころは〝生〟がリードし、死の影のことなど眼中にないが、年を取ると、その影がだんだん近づいてきて、ついには〝死〟が追いつく。これは誰もが経験することだ。多くの文筆家が、ハウサ族の伝説と同様の比喩的な泉のそばに座り、〝生〟と〝死〟の争いを目撃して自分なりの判断をくだしてきた。たとえば、アメリカの詩人エミリー・ディキンソン（一八三〇～八六年）は、次のように書いている。[3]

死とは
魂と塵の対話である。
死が言う。「崩れて消えろ」。魂は答える。
「いえ、私は別のことに期待をかけています」

一六世紀に活躍したイギリスの詩人ジョン・ダン（一五七二～一六三一年）も、やはりキリスト教的な立場から、「死よ、うぬぼれるな」と宣言した。その理由は、次のように語っているとおりで、来世があると考えたからだ。[4]

過去には短い一眠りがあり、われわれは永遠に目を覚ます。
そして死はなくなる。死よ、おまえが死ぬのだ。

ウェールズの詩人ディラン・トマス（一九一四～五三年）も、同じく聖書から霊感を受けた。それに、別の詩人と、不滅についてどちらがよい詩を書けるかで賭けをしたことも発奮材料となり、死とは死ぬべき運命からの解放にすぎないという見方に立って、次のような詩を書いた。[5]

そして死は支配するべからず。
死んだ裸の者たちは
風と西の月のなかにいる男と一つになれ。
彼らの骨から肉がはがされ そのきれいな骨がなくなれば、
彼らは肘と足に星を持つ。
彼らは気が狂っても正気になり、
海に沈んでも再び浮き上がる。
恋人が亡くなっても愛は消えず。
そして死は支配するべからず。

死ぬことによって死が征服されるという考えは、古代ローマの詩人セネカ（紀元前四年ごろ〜紀元六五年）も次のように表明している。[6] もっとも彼は、来世があるという考えは決して受け入れなかったが。

死後には何もない。死とは無である。
呼吸の最後のあえぎ。
大それた望みを抱く狂信者は放っておけ。
天国を望む信仰など思い上がりにすぎない。

セネカの見方は、現代科学の観点に最も近い。つまり、死とは生の終わりであり、それに尽きるということだ。しかし、科学的な興味から、私たちは「なぜ？」と問わずにはいられない。なぜ〝死〟は必ず〝生〟に追いつかないといけないのだろう？　第一、非常に長生きして実質的に死なないように見える種があるではないか。確かに、それらはおもに植物だが、動物でも〝死〟と〝生〟をつなぐ紐が抜群に長い種がある。そして私たち自身の種では、その紐の長さを一時間に一五分の割合で延ばしてきた。したがって、もろもろの証拠によれば、生命の長さは変えられるものであり、生きているあいだの何事とも同じく、死のタイミングは進化によって変わりうるということだ。そこに謎がある。

不死が実現しないわけ

進化の原動力である自然選択においては、最も多くの子孫を残す個体が選ばれる。とすると、繁殖力を損ない体の衰えをもたらす老化が、なぜ進化で出現するのだろう？　なぜ老化は自然選択に許容されるのだろう？　自然選択によってこの問題が解決されて、あらゆる種の個体が不死になればいいのに、なぜそうなっていないのだろうか？　この問いをいち早く投げかけた科学者が、一九世紀に活躍したドイツの生物学者アウグスト・ヴァイスマン（一八三四〜一九一四年）だ。彼は、老化や死が進化によって好まれるのは、消耗した個体を排除して活力のある若い個体に道を譲るという利点があるからだと提唱した。[7]これは一見、魅力的な考え方に思えるが、残念ながら三つの欠点があり、ヴァイスマン自身も最終的にはそれに気づいた。

一つめの欠点は、自然選択は種の利益のために働くのではなく、個体に働くものなので、最も多くの子孫を残す特性を受け継いだ個体が優遇されるという問題だ。自然選択は個体の利益のために働くので、純粋に種のために個体を犠牲にする特性は何であれ除去される。なぜそうなのかを理解するため、ヴァイスマンが思い描いたように、年老いた個体が種のために自分を犠牲にする集団を想像してみよう。すると遅かれ早かれ、自己犠牲を促す遺伝子に欠陥のある突然変異体が現れる。この個体は長生きし、自分を犠牲にする個体より多くの子孫を残せる。したがって、自己犠牲という特性は、わずか数世代で廃れるに違いない。

二つめの欠点は、生物が機械のように消耗するという考え方に問題があることだ。生物学的過程では、卵から雛がかえりニワトリになるといった、驚くべき芸当が成し遂げられるのに、なぜ、ひとたび育ったニワトリの修復が困難なのだろう？　このことから考えれば、老化は、単に修復機能がなくて生物が消耗する現象ではないはずだ。しかし、ひょっとすると、修復がおろそかになって老化が起こるのかもしれない。ということで、たとえ生物が本当に消耗するように見えるとしても、消耗するという考えでは老化について少しも説明できないため、問いは次のように書き換えられる。なぜ若い生物は自分の体を修復できるのに、年を取った生物にはそれができないのだろう？

この問いによって、ヴァイスマンの説に伴う三つめで最後の問題が明らかになる。それは堂々巡りだ。ヴァイスマンの説では、老化がまだ存在していない最初の時点から老化がどうやって進化で出現するのかを説明できない。この説では、老化が存在することが前提になっている。ヴァイスマンは、年を取って消耗した個体を排除することは種の利益になると唱えたが、この主張では、そもそもなぜ個体が年を取ると消耗するのかが説明されていない。というわけで、もとの問いに舞い戻ることになる。なぜ老化は自然選択に黙認されるのだろう？

年を取ると自然選択は引退する

この問いに対し、説得力のある明確な進化的説明を初めて考え出したのが、イギリスの生物学者ピーター・メダワー（一九一五〜八七年）だ。彼は一九四六年に発行された無名の雑誌の論文でこの問題に取り組み、一九五二年に出版された『生物学における未解決の問題』という講演の論文で、自分の考えをよりはっきりと再提示した。[8] メダワーの発見は、彼が講演のタイトルを『解決された生物学のある問題』としていれば、当時もっと注目されたかもしれない。だが、自伝の『考える大根の思い出』* に書かれているように、彼は知的な遊びのつもりで進化の問題に手を出しただけだった。メダワーは免疫学者を本業とし、免疫学分野での発見によって一九六〇年にノーベル賞を授与されている。なぜ私たちは老化するのかという進化の問題を解決したことで、二つめのノーベル賞を受けることにも十分値しただろう。ちなみに、私は実際にピーター・メダワーを見かけたことがある。それは一九七九年のことで、講堂の後ろのほうから遠目で見ただけだったが。メダワーはそのころには、脳出血の後遺症で体の自由がきかず、車椅子に座っていた。悲劇的なことに、老化の出現を説明する自分の主張を、みずから例証していたのだ。

メダワーの主張はきわめて簡潔で、ヴァイスマンの説とは違い、自然選択とあらゆる点で整合性が取れていた。では、老化というものがなく、年とともに死亡率が上がっていかない集団を想

＊訳注：パスカルの「考える葦」と、シェイクスピアの『ヘンリーⅣ世』に登場するフォルスタッフが裸の情けない人間の姿を「二股大根」になぞらえたことを組み合わせたもので、メダワーが、科学者というより一人の人間としてこの自伝を書いたことを意味する。

像してみよう。その集団では、死は完全にランダムな事故によって起こる。もし、出生率と死亡率が時間を経ても一定ならば、そのような集団の年齢構成は、いずれ若者が多くを占めるようになるだろう。死が偶然でしか起こらないならば、生存者の数は年齢が上がるほど少なくなるからだ。年齢の高い層ほど生存者が少なくなるのは、長く生きるほど致命的な事故に遭う可能性が多くなるからにすぎない。さて、この集団でほぼすべての個体が、思春期から老齢期にかけて子どもを持てると想像しよう。ここで一世代先に早送りして、子ども世代の一人ひとりに、自分が生まれたときの両親の年齢を尋ねてみると、両親の平均年齢は低いだろう。それは単に、集団のほとんどの個体が若いからだ。

メダワーがすばらしかったのは、前述の状況では、中年期以降に働く有害な突然変異が蓄積するだろうとひらめいたことだ――別の天才J・B・S・ホールデン（一八九二〜一九六四年）の考えが大きなヒントになったことは、言っておかなくてはならないが。蓄積が起こりうるのは、突然変異が人に悪影響を与える前に、その人の子どもに受け継がれるからだ。それに対して、若いころに働く突然変異は生殖能力を損なう可能性が高いため、次世代に受け継がれる可能性は少ないと考えられる。

遅い時期に働く突然変異のわかりやすい例として、ハンチントン病の原因となる一つの異常な遺伝子がある。この病気による神経変性作用は、五〇代になるまでは現れない。アメリカのフォーク歌手で政治活動家でもあったウディ・ガスリー（一九一二〜六七年）は、ハンチントン病の遺伝子を母親から受け継いだが、症状が障害となるころには、すでに少なくとも七人の子どもの父親になっていた。ピーター・メダワーの病気には遺伝的基盤があるかもしれないし、ないかもしれないが、彼も脳出血に初めて襲われる前に四人の子どもをもうけていた。

ハンチントン病より多いパーキンソン病やアルツハイマー病などの神経変性疾患や、脳卒中、心血管疾患、糖尿病、ガンなどの病気もすべて、人生の後半に起こることが多い。遺伝性の突然変異がこれらの病気で果たす役割については、ハンチントン病の原因遺伝子に比べて不明な部分がはるかに多い。しかし、遺伝の役割は第4章で見たように、APOE遺伝子の作用を通じるといった形で小さいとしても、病気に関連する突然変異が、自然選択の及ぶ範囲を超えて蓄積するのかもしれない。

最近では、子どもを作り始める時期が遅くなる傾向がある。これまで、APOEのε4対立遺伝子などは、晩年になって悪影響を及ぼすので生殖能力には響かなかったが、生殖年齢の遅れによって、自然選択はそのような有害な対立遺伝子が受け継がれないような方向に働き始めるかもしれない。すなわち、生殖期間が長くなると自然選択の及ぶ期間も長くなるので、ε4対立遺伝子が自然選択のサーチライトにますます捕らえられるようになり、出現頻度が下がり始めることが期待される。[9]

ここでいったんメダワーの考えをまとめると、遺伝によって決まる将来に手を加える自然選択の力は、個体が年を取るにつれて弱まり、老化をもたらす突然変異が世代を経るにつれて蓄積するのを許容するということだ。年を取ると自然選択は引退する、という言い方もできるかもしれない。

ピーター・メダワーは自分の主張をさらに一歩進め、突然変異のなかには、若いころには健康や生殖に有益な影響を及ぼすが、年を取ったときには有害な影響を及ぼすものがあるかもしれないと指摘した。そのような二重の働きをする突然変異は、進化による老化の出現を促すだろう。なぜなら、それらは自然選択にむしろ優遇され、単なる受動的な範囲を超えて蓄積すると考えられるからだ。若いころは生殖にプラスとなるが、年を取ると健康にマイナスとなるような二重の働きをする遺伝子は、子どもが遊ぶシーソーにたとえられるかもしれない。この例では、寿命はシーソーの厚板で表され、若さと老いをつないでいる。シーソーの片方が上がると、もう片方が下がる。自然選択は若さを持ち上げるが、年を取ったときの衰えには無頓着なので、結果的に厚板の反対側は下がる。

人間が年を取ったときにかかるおもな病気のなかには、免疫系に関係のあるものがある。[10] 若いころには、免疫系が十分に働いて私たちを感染から守ってくれるので、それには明らかに生存上の価値がある。また、予防接種は、特定のウイルスや細菌が襲ってくるまでに免疫系に戦う準備をさせることによって効果を発揮する。そのおかげで、過去一〇〇年に子どもの死亡率は大幅に減り、平均寿命が延びた。だが、年を取ると免疫系が過敏になることがあり、関節の炎症を引き起こしやすくなる。すると、関節リウマチが起こる。

関節リウマチを発症しやすくする突然変異が、自然選択によって、人類進化の最近の過程で実際に優遇されてきたことを示す遺伝的証拠がある。[11] この知見から、問題の突然変異が二重に働き、若いときには有益な作用を及ぼすに違いないということが強く示唆される。そのような選択がいつごろ始まったのかはわからないが、今から約一万年前の農業の始まりが引き金になった可能性がある。農業が始まると、人類は多くの新たな病気にさらされることになった。[12] それに居住地の密集度が大幅に上がり、病気がはるかに伝染しやすくなった。そのような状況では、病気に対する免疫系の反応を高める突然変異が、晩年にどんな影響を及ぼすかに関係なく積極的に選ばれただろう。

老化の進化論による予測

アメリカの生物学者ジョージ・C・ウィリアムズ（一九二六～二〇一〇年）は、若いころには有益だが高齢になると有害な突然変異にかんするこの概念をさらに追求した。[13] ウィリアムズが推論の拠り所としたのは、メダワーが一歩進めた老化の進化論から引き出される一連の重要な予測だ。じつは、それらの予測は、メダワーの単純な老化の進化論——遅い時期に働く突然変異は蓄積する——にも同様に当てはまる。さて、一つめの予測は、老化が進化するためには、個体の発生過程の初期に生殖細胞系列《ジャームライン》と体細胞系列《ソーマライン》が分かれなくてはならないというものだった。「ジャームライン」（訳注：字面で訳せば「病原菌《ジャーム》線」）などと聞くと、ニューヨークの地下鉄の不衛生な路線《ライン》かと思うかもしれないが、そうではなく、実際には卵子や精子を作り出す生殖細胞系列を指す。一方の「ソーマライン」（「ソーマ」はギリシャ語で「体」を意味する言葉に由来する）は、生殖細胞以外の細胞だ。生殖細胞系列は、遺伝子が次世代に伝えられるルートなので、生殖細胞に何であろうと障害を起こす突然変異は、みずからの首を絞めることになる。だが、体細胞にとって有害な突然変異は、生殖活動が終わったあとにのみダメージを起こすならば、次世代に引き継がれる。したがって、老化を引き起こす突然変異の有害な影響が生殖細胞系列に及ばない限り、そのような影響は自然選択に黙認される。なお、このような突然変異は生殖細胞系列の細胞によって次世代に伝えられるが、その有害な影響は体細胞にしか現れないことに注意しよう。

　生殖細胞系列と体細胞系列は、ほとんどの動物では分離しているのが普通なので、メダワーの説によれば、これらの動物では老化が進化しうると予測される。だが、植物では生殖細胞系列と体細胞系列が分離していない。花の胚珠や花粉粒、そして枝やそれにくっついている葉を作る細胞はすべて、少数の分裂組織細胞を共通の起源とする。花も葉も枝も、分裂組織細胞で作られた芽から出てきたのだ。そのため、老化をもたらす突然変異は、植物では自然選択に好まれるはずはないとウィリアムズは主張した。この主張によって、植物や、サンゴなどの植物に似た一部の動物が大変な高齢に達する（第5章で述べた）理由が説明できるだろう。一年生植物のように、植物でもはっきりと老化するものはあるが、そのようなライフサイクルは、二重に働く突然変異や突然変異の蓄積とは無関係なメカニズムによって進化したに違いない。次章では、そのはなばなしい例をいくつか取り上げるつもりだ。

突然変異による進化の過程で老化が出現するのに必要なもう一つの条件は、生物が年を取るほど、もうける子どもの数が減らなくてはならないことだ。このような状況は、人間をはじめ、身近なイヌや家畜などの飼い慣らした動物で認められるので普通に思えるかもしれない。だが、地球にはもしかすると一〇〇〇万種もの生物がいて、どの生物も少しずつ違うのだから、何にせよ「普通」と見なすことには慎重でなくてはならない。無限に成長して年とともに大きくなれる動植物は、今挙げた条件に反している。これらの種では、むしろ年を取った両親のほうが多くの子どもをもうけることによってシーソーのバランスが非常にうまく取れているので、自然選択の過程で、年を取った両親が犠牲にされて若いころの利益が優遇されることはない。無限成長や、その結果として年とともに繁殖能力が上がるパターンがあるおかげで、長寿の木や、動物ではアイスランドガイなどの二枚貝は特に長生きすると言ってもいいだろう。

女性が男性より長生きする理由

進化による老化の出現は、自然選択では根本的に生殖の成功しか重視されないことを示している。とすると、この結論から、進化にまつわる別の謎が浮かび上がる。なぜ、女性の生殖能力は五〇歳くらいでなくなるのだろう？　人間ではどの集団でも、五〇歳前後で閉経が起こる。男性の生殖能力も年とともに下がるが、女性ほど急になくなることはない。この謎に輪をかけるのが、閉経が霊長類の親類たちでは起こらないことだ。たとえば、チンパンジーの雌は、生涯の最後まで子どもを産む。したがって、閉経は老化とは異なり、ヒトに特有の現象に見える。ホルモン療法によって、閉経をある程度遅らせることは可能だ。インドでは二〇〇八年、体外受精を受けたラジョ・デビという女性が七〇歳で出産した。[14] こうした事実から、閉経は自然選択の単なる副産物でもなければ老化の必然的な結果でもなく、逆説的にだが、生殖に何らかのメリットをもたらすから進化したに違いないということが強く示唆される。

閉経によって生殖活動は終わるので、閉経が生殖にとってメリットとなり、閉経関連遺伝子が次世代に伝わることが促進されるのは、女性の子どもや孫の生存に閉経が役立つ場合に限られる。さらに、閉経のメリットは、女性が自分の子どもをもう作れなくなるという生殖上の損失を補って余りあるものでなくてはならない。言い換えれば、生殖を続行した場合ではなく閉経した場合のほうが、自然選択の計算において、子孫の数で計算される正味の利益が多いに違いないということだ。この計算に影響を与える要素は、二つある。一つめは、ある女性が五〇歳以降に何人の自分の赤ん坊を育て上げることができると予想されるかで、二つめは、その女性自身が出産するのではなく、自分の生きている子どもを助けた場合に、子どもの生存や生殖に対してどんな効果があるかだ。

これらの疑問に対する答えが、各時代の一般的な健康状態や社会状況に左右されるのは明らかで、それらは近年では向上してきた。だが、そのような点には注意するとして、人類が進化する過程で、閉経によって子孫の数がどのように増えたかを推測してみることはできる。ほとんどの女性は自分の子どもの多くを五〇歳よりずっと前に産んでいるし、五〇歳でさらに産むには危険がある。年齢とともに母親が出産で死亡するリスクや、ダウン症などの子どもが生まれるリスクも上がる。

子孫の数について、今から一五〇年以上前のデータは入手しにくい。だが、ある注目すべき研究では、イギリスで貴族階級の婚姻と床入りに対する異常なまでの関心が長く続いてきたことを利用して、彼らの系図を一二〇〇年前までさかのぼっている。[15] それによれば、身分の高い男女ともに、子だくさんの人のほうが寿命が短く、その傾向は一七〇〇年より前の近代以前には顕著だった。八一歳まで生きた女性のほぼ半数は、まったく子どもを産んでいなかった。たとえ出産時の死亡を無視しても――むろん男性では出産は関係ないが――、このデータやほかの研究から、人類史のほとんどの期間で、子どもを持つことは寿命の長さに対するコストになったに違いないことが示されている。このコストが貴族階級に影響を与えたとしたら、はるかに生活が厳しかった農民にも間違いなく影響しただろう。

以上のデータから、五〇歳以降にもっと子どもを持つことによるリスクに比べて、そうしないことによるメリットが明らかに勝るだろうということがうかがえる。女性が五〇歳になるころには、娘のなかで年上の者たちが自分の赤ん坊を産むだろうから、その女性は孫の育児を助けることによって、生き延びる孫や、おそらくは生まれる孫の数も増やせたのだ。閉経の進化を説明するこの説は「おばあさん仮説」と呼ばれ、いくつかの証拠によって支持されている。西アフリカのガンビアにある二つの村では、現地にまだ医療施設がないころに集められたデータを利用して研究がおこなわれた。それによれば、一〜二歳の子どもの生存率は、家族に母方の祖母がいる場合のほうが、そうでない場合の二倍あった。[16] また、別の研究では、近代以前のフィンランドで教会に保存された出生と死亡の記録が用いられ、五〇歳を超えて生きた祖母のほうが、そうでない祖母に比べて多くの孫に恵まれたことがわかった。[17] ガンビアでもフィンランドでも、祖父が生きているかどうかは、孫の生存や孫の数とは関係なかった。[18] おそらく、これによって女性が男性より長生きする理由が説明できる。何しろ、自然選択の無慈悲な計算では、祖父の存在はどうやら余分なのだ。高齢者のあいだでは、男性の数が少ないことが目につく。

閉経はヒト以外の霊長類では起こらないが、まったくヒトに限られるわけではない。哺乳類の別のグループでも閉経が認められる。それはハクジラ（訳注：歯を持つ小型のクジラ類でイルカも含まれる）だ。シャチ（英名は「殺し屋クジラ」）の雌は、だいたい四〇歳で子どもを産まなくなるが、九〇歳くらいまで生きることもある。一方、シャチの雄は人間の男性と同じく、生涯にわたって生殖能力があるが、やはり人間と同じで、寿命は雌より短い。シャチは一生のあいだ、「ポッド」という一つの家族集団で暮らすが、アメリカやカナダの北西部沖に生息するシャチのすばらしい研究によれば、成獣でも、母親が生きている場合のほうが、そうでない場合よりはるかに生存率が高かった。母親の影響は息子で特に強く認められ、三〇歳以上の息子たちでも、母親が死ぬと、それから一年間の死亡率は、母親が生きている雄の一四倍に上昇した。[19] 母親が大人の息子の生存をどうやって助けるのかはわかっていないが、シャチの行動を探る研究が進めば明らかになるかもしれない。

ヒトとシャチはずいぶん違う哺乳類種なのに、どんな共通点があって、閉経が別々に進化したのだろう？　生殖活動を終えたあとの雌が、祖母として（ヒトの場合）、あるいは母親として（シャチの場合）、自分の子どもの生殖の成功率を高めるために必要な状況を作り出すには、二つの共通する特徴が重要だと思われる。一つめは、ヒトもクジラ類も長生きすることだ。ひときわ長生きする動物でないと、雌が十分に長生きして子孫の生殖の成功を助けることはできない。

共通する特徴の二つめは、ヒトもシャチも複数の世代を含む家族集団で暮らすことだ。シャチのポッドには、最大で五世代が含まれていることもある。ヒトの家族やシャチのポッドは、自分より若い者を助ければ、親戚を介して自分自身の遺伝子を次世代に伝えるのにも間接的に役立つという社会的条件を作り出す。結びつきの強い家族構造がなければ、自分の生殖を犠牲にして他者を助けた雌が自然選択によって選ばれることはなかっただろうし、閉経が進化することもなかっただろう。[20]

さて、男女間には絶えず闘いがあるもので、男性と女性がどのように病気で悩むかをめぐり、曖昧な先入観や滑稽な話が生まれてきた。男性はちょっとした病気でも注目されたくて大騒ぎするというのはよくあるジョークだが、もしかしたら世間でもそう思われているかもしれない。ところが、男女の健康障害にかかわる調査からは、まったく違う逆説的な実情がわかる。ガンや心血管疾患をはじめとする上位一二位までのおもな病気について、死亡率はあらゆる年齢で男性のほうが女性より高い。だが、病気を抱えている人の割合は女性のほうが男性より高く、通院や入院についても同じことが言える。健康調査の回答を見ると、体調の自己評価は男性のほうが同年齢の女性より高いが、死亡率からは、女性のほうが男性より丈夫な性別であることが見て取れる。[21] 男女とも年を取る速度は同じだが、基準となる初期死亡率は女性のほうが男性より低い。このような状況について、いわゆる男性のやり方で大げさに表現すれば、次のようになるだろうか。「女性は苦しむように生まれついており、男性は死ぬように生まれついている」閉経は進化的現象として特異なものに思えるが、閉経を進化させる根本的なプロセスはそうではない。そのようなプロセスとして真っ先に挙げられるのは、生殖と生存のトレードオフだ。これはイギリスの貴族階級でのみ特別に見られるわけではなく、酵母、植物、線虫、ショウジョウバエ、ウイルスで、[22] それに事実上、誰でも目にしたことのあるすべての種で認められる。[23] もっと範囲を広げれば、何らかのトレードオフが、食い意地にかんする諺——「ケーキを食べたら、持っていることはできない」（訳注：矛盾する二つのことは両立しないという意味）——から音楽まで、至るところで見つかる。現代音楽の作曲家アルノルト・シェーンベルクは、自分の芸術を「心地よい刺激の繰り返しを求める感情と、バラエティや変化を求める反対の感情」のバランスを必要とすると要約した。[24]

自然選択の天秤では、生存と生殖とのバランスは、将来世代への寄与度、つまり子孫をどれだけ多く残せるかを測定する単位で量られ、それは「適応度《フィットネス》」と呼ばれる。この進化的適応度、つまりダーウィン適応度にはフィットネスという言葉が入っているが、スポーツジムにきちんと通うことで得られる「体の健康《フィットネス》」と混同してはならない。この点について、進化生物学者のジョン・メイナード＝スミスが教え子たちにおもしろく語っている。メイナード＝スミスは目がずいぶん悪く、牛乳瓶の底のようなレンズの眼鏡をかけていた。そして視力が弱いため、第二次世界大戦では兵役に不適と宣告されたのだが、それについて彼は、おそらく弱い視力のおかげで命が助かったとジョークを言い、その後みずからのダーウィン適応度を提唱した。

C・エレガンスの突然変異体は、トレードオフがあるために、長寿の代償として、低い適応度という負担を強いられる。daf-2変異体と野生型を一緒にしておいた実験では、長寿のdaf-2変異体が、わずか三世代で消滅した。その理由は、野生型に比べて、若い段階で産む卵の数が少なかったからだ。[25] C・エレガンスではclk-1という別の長寿遺伝子も見いだされているが、それにも同様のハンディがある。[26] これらの研究結果は、若い時期に繁殖すると適応度において有利なことを示す例だ（第2章を参照）。ところで、植物が作り出すレスベラトロールという化合物がある。赤ワインを適度に飲むことが健康によいのは、赤ワインに含まれているレスベラトロールのおかげだと信じられてきた。レスベラトロールを与えられたC・エレガンスは普通より長生きしたが、やはり若いときに産んだ卵は少なかった。[27] ただし、赤ワインを飲む人が、こうした生殖への影響について、アルコールによる周知の健康リスク以上に心配しなくてはいけないかどうかはわからない。

ジョン・メイナード＝スミスは、卵巣のないショウジョウバエの突然変異体が、野生型よりかなり長生きすることを五〇年以上前に発見し、繁殖を犠牲にすることが長寿によって報われることを示した。[28] ショウジョウバエやC・エレガンスを用いたその後の実験からは、生殖細胞が化学信号を作り出し、それによって分子経路内の遺伝子スイッチが切り替えられ、寿命の長さが制御されることが示唆されている。[29] したがって、トレードオフは、寿命の長さや閉経と同じく遺伝子によって制御されるわけだが、スイッチの切り替えは、トレードオフの適応度に対する影響によって最終的に決まる。そしてこの影響は、環境によって左右されることもよくある。C・エレガンスのdaf-2変異体は、シャーレ内の環境では勝者に見えるかもしれないが、土壌という自然環境では野生型よりずいぶん分が悪い。[30] 中世のイギリス貴族は、多くの子どもをもうけた代償として早死にしたかもしれないが、一九世紀になると状況が改善し、ビクトリア女王は子どもを九人産んだうえに八一歳まで生きた。興味深いことに、動物園で飼育されている動物は王族のように大事にされており、そうした良好な条件では、野生とは違い、繁殖のせいで雌の寿命が短くなる現象は見られない。[31] もっとも、環境が非常に重要なのは当然だ。なぜなら、結局のところダーウィン適応度は、ある生物がその環境に適応している場合に最高となるからだ。そのような適応によって、「自殺的生殖」などの驚くほど奇妙な行動が選択されることがある。そこで、次章ではそれに着目してみよう。

第7章　生殖と死

一回繁殖はなぜ起こるのか

ジュノー：計り知れない喜びよ
私の復讐が与えてくれるのは。
愛なんて泡
骨を折って獲得しても
手に入れたら消えてしまうわ。
――ウィリアム・コングリーブ～音楽劇『セメレ』（第三幕）

古代ローマの詩人オウィディウス（紀元前四三～紀元一七年）は、ウエストミンスター寺院の建設より一〇〇〇年も前によその場所で亡くなった。それでも彼の霊は、この寺院に葬られて人びとに記憶されている詩人たちの遺産が集まったこの場所に取りついている。オウィディウスの名を不朽のものにしたのは、彼が著した長編詩『変身物語』である。この詩は宇宙の創造で始まり、オウィディウスの時代で終わるので、繰り返し起こる変身というテーマは、自然の進化の歴史みたいなものだ——もっとも、神話的な歴史だが。『変身物語』は、神々や、オウィディウスをローマから追放した時の皇帝アウグストゥスに大胆にも挑戦する内容で締めくくられる。オウィディウスは、今や自分の詩は完成し、何ものも、最高神ユピテル（ジュピター）の怒りでさえ、それを破壊できないと述べる。そして、『変身物語』が「自分を不滅にし、あらゆる星より高いところに押し上げる。私の名が忘れ去られることはない」とわかっているので、しかるべきときが来たらいつ死んでもいいと語り、こう言い添える。「もし詩人が真実を予言する洞察力を持っているなら、私は名声によって永遠に生きる」[1]。実際、オウィディウスは正しかった。

チョーサーの『カンタベリー物語』からシェークスピアの『テンペスト』やメアリー・シェリーの『フランケンシュタイン』まで、イギリス文学はオウィディウスの『変身物語』から大きな影響を受けている。『変身物語』でしばしば語られるのが、ギリシャの神々を怒らせた人間が、仕返しとして変身させられる話だ[2]。自分しか愛せない美少年ナルキッソスは、精霊のエコーからの求愛を拒んだため花に変えられた。猟師のアクタイオンは、狩りに出かけたある日、森の泉で水浴している狩猟の女神ディアナの裸体をたまたま目撃した。ディアナはアクタイオンがその一件を誰にも言えないようにするため、彼を雄ジカに変えた。その後、アクタイオンは自分の猟犬たちに八つ裂きにされる。一方、変身のおかげで幸せな結末を迎えたのが、彫刻家のピュグマリオンだ。彼は、自分が象牙に刻んだ女性の像に恋してしまう。愛の女神ビーナスは、ピュグマリオンがビーナスの祭壇に供物を捧げたことに応えて、彫像に命を吹き込んだ。マールバラ女公爵ヘンリエッタは、愛人の劇作家ウィリアム・コングリーブが亡くなると、象牙でコングリーブの機械仕掛けの彫像を作らせてつねに話しかけたが、もしかしたら、ピュグマリオンの物語のことが彼女の頭にあったのかもしれない。多作だったコングリーブの作品のなかには、オウィディウスがセメレの運命を描いた物語の韻文訳がある。作曲家のヘンデルはそれを歌詞として用い、世俗オラトリオ（実質的にはオペラ）を書き上げた。[3]

セメレの犠牲

セメレは、ギリシャの都市テーバイを建国したカドモス王の娘だった。セメレの姿は古代ギリシャの壺に描かれているが、現在まで残っている彼女の物語としては、オウィディウスの『変身物語』に収められているものが最古だ。ギリシャ神話では、テーバイ人はつねに神々の関心を引く。特にゼウス（ローマ神話では「ジュピター」に当たる）は、テーバイの女性たちに目がなかった。ジュピターが女性にちょっかいを出すのはいつものことで、セメレの叔母も誘惑したし、セメレの先祖の女性もレイプしている。そのようなことから、セメレがジュピターの祭壇で礼拝中に道ならぬ恋心を示し始めると、ジュピターの妻ジュノーは不服を唱える。すると、当然の流れでジュピターはセメレを天界にさらっていく。ヘンデルのオペラでは、この時点で、セメレが喜びに満ちて叙情的なアリアを歌う声が天上から聞こえてくる。

果てしない喜びを、果てしない愛を
セメレは天上で味わう！
彼女の胸にジュピターはもたれかかり、
今や雷も役立たず。
ジュピターの稲妻は彼女の腕に従い、
稲光は彼女の瞳の思うまま。

ジュノーは、ジュピターの浮気癖がどうしようもないことを知っているので、夫の子を身ごもったセメレに復讐することにする。ジュノーは老女の姿に身をやつしてセメレを訪ね、彼女の恋人が、本人の言うとおりに神だとどうしてわかるのかと尋ねる。男は女をものにするために、うまいことを言うもの、とジュノーは言い、こう助言する。ジュピターが妻のジュノーと床を共にするときのような本来の姿を現してくれるよう、ジュピターに約束させなさい。あなただって、ジュノーに劣らず、そうしてもらう権利があるじゃない？　さてセメレは、ジュピターが願いを聞いたときに決して拒まないようにするため、まず、自分の望むものを何でも与えてくれるよう約束してほしいと頼む。ジュピターはセメレに夢中なあまりそう約束するが、セメレの望みを聞くと、遅まきながら、彼女が図らずも死を求めていることに気づく。なぜなら、ジュピターの真の姿は雷だからだ。だが、セメレの命取りになる望みをかなえないわけにはいかず、ジュピターは真の姿で彼女の前に現れ、セメレは命を落とす。こうしてジュノーは復讐を果たしたが、話はこれで終わりではない。ジュピターはセメレの遺灰から、まだ生まれていないわが子を救い出して自分の太腿に縫い込む。そして、月が満ちて生まれた赤ん坊が、ワインと享楽の神バッカスというわけだ。幕が下りる前に、ウィリアム・コングリーブは、合唱の歌詞でオペラの聴衆を最高の気分にさせる。

私たちは幸せになるだろう。
心配からも悲しみからも解放されて、
無邪気な楽しみを享受し、
純粋な愛は決して色あせまい。
それはすべてすばらしいことで、私たちはそれを示そう。

そしてバッカスは愛の喜びに栄冠を与える！

おそらくあなたも想像しただろうが、この物語には、次のような生物学的な論点もある。赤ん坊は喜びの源かもしれない――バッカスのように、ワインの作り方をもたらした神ならなおさらだ――が、セックスには危険が伴う。神話上のセメレは、生命を支配する鉄則、つまり生殖にはコストがかかるということを示す究極的な例だ。セメレが一人の赤ん坊に対して払った代償は極端に重いとはいえ、生殖が死の始まりを告げる例は自然界にいくらでもある。生物学者はこのパターンを、セメレにちなんで「一回繁殖《セメルパリティ》」と呼ぶ。

一回繁殖――お望みなら「ビッグバン生殖」と呼んでもいい――は、さまざまな動植物で認められる。では、植物のはなばなしい例を見るため、南アフリカ共和国のケープタウンにあるカーステンボッシュ国立植物園を私と一緒に訪れ、とあるベンチに腰掛けよう。そのベンチには、今は亡きディーター・カーンという来訪者に捧げられたプレートがついている。カーンは、一九九五年に五一歳で亡くなっている。私はすでにその年齢より五歳上なので、このベンチは私が死を免れないことを個人的に思い起こさせる。じつの話、カーステンボッシュ植物園の花々はとても見事だし、テーブルマウンテンの麓という植物園のロケーション自体も非常にすばらしく、山腹から流れる川のせせらぎや鳴き交わすカエルの声はこのうえなく美しいので、私たちはすでに天国にいるような気さえする。だが、それはありえない。というのは、永遠を思わせるこの場所のどんな見かけも、目の前に立つ三本の木と矛盾するからだ。それらはラフィアヤシというヤシの木で、南アフリカ東部のマプタランド海岸が原産である。三本のうち二本は明らかに枯れており、葉が幹と同じように茶色い。ラフィアヤシは形見として、耐久性や強度が公園の壊れやすいベンチほどもない繊維性の木材と、一群の果実を残す。ほとんどの果実は、幹の上部で分かれた、すでに枯れている枝にくっついている。

果実は、木が不死を約束する証だ。幹は、その目的の達成に向けたつかの間の手段にすぎないので、生きているあいだ一時的に構造を保てる強度があればいい。ヤシの幹は、じつは葉の基部が重なったものにすぎず、広葉樹（それに太鼓腹の人間）のように、年々太くなることはない。それぞれの果実は大きなニワトリの卵ほどのサイズで、光沢のあるマホガニー色の鱗片に覆われている。鱗片は、閉じた松ぼっくりの鱗片のように、らせん状に並んでいる。フィボナッチという数学者は、このようならせん状のパターンが、ある数列に一致することを発見して不朽の名声を得た。その数列では、最初の二つの数を除いて、それぞれの数が、一つ前と二つ前の数の和になる。つまり、1、1、2、3、5、8……と続く。この「フィボナッチ数列」は、自然のなかでらせんをなす、いろいろなものに現れるのだ。

三本のラフィアヤシで真ん中に立つ木は、まだ果実をつけておらず、今も元気に成長を続け、樹冠から噴水のように葉が出ている。ラフィアヤシは、樹高が約三〇メートルに達し、長さが一〇メートルもある巨大な葉が、幹のまわりで渦巻き状に生える。木が成長するにつれて、幹がらせん状にねじれながら上方に伸び、細長い幹の樹冠から羽状の大きな葉が生えて天蓋をなすのだ。まるで、雲が散らばった空を大掃除するための巨大な羽はたきのように見える。樹齢が三〇年ほどに達すると、羽はたきの一番上にある芽は、葉の生成から大きな房状の花の生成へと切り替わり、その後、松ぼっくり型の果実をつける。本物の松ぼっくりには数十個の種子が含まれているが、落下したラフィアヤシの実は、振るとカラカラと音がする。つまり空洞があり、象牙に似た種子が一個しか入っていない。木質の鱗片は、果実が木で熟すあいだ、それが食べられないように保護するが、地面に落下するとほぐれ、放出された種子がやがて発芽する。ラフィアヤシをはじめ多くのヤシの種は、相当なサイズの種子という大きな収穫を得るため、その果てに死ぬという最大の代償を払う。インド南部やスリランカに生えるコウリバヤシは、ヤシのなかでも最も壮観な例で、長い命が尽きるころには、ラフィアヤシより大きな葉をつけ、地上から三～四メートルの高さで、巨大な房状の果実が木の上部に広がる。

一回繁殖は、動植物の一部のグループではよく見られるが、それ以外のグループではめったにない。植物で一回繁殖を大々的におこなうのはヤシだけだが、ほかにも熱帯の樹木で一回だけ繁殖するものがわずかにある。タケの多くの種も一回繁殖型で、同時に花を咲かせると、広い地域にわたって枯死する。北米やヨーロッパでは、ノラニンジン、ビロードモウズイカ、マツヨイグサといった一回繁殖型のハーブ類が、雑草の茂る生息地に生える傾向があり、植生の隙間《ギャップ》に群生する。

繁殖機会が一回しかない昆虫は多く、一部の昆虫は、水中や地中で何年も幼虫の時期を過ごしてから短い地上生活を送る。たとえば、ヤゴは淡水中で暮らし、小魚などの動物を攻撃して捕食する。周期ゼミは、樹液を餌としながら幼虫として地中で最高一七年を過ごしたのち、成虫が大群で一斉に土のなかから姿を現し、交尾し、卵を産み、死ぬ。タイヘイヨウサケは、海で三年間独身生活をしてから、北米の川の上流にある産卵場所に戻って一生を終える。逆に、川から海へと一方向の旅をするのがウナギだ。ウナギは淡水中で中年期《ミドル》を過ごしてから、ヨーロッパや北米からサルガッソ海に集まり、ヨーロッパの種もアメリカの種も産卵する。[4] イカやタコの多くの種も、一回だけ繁殖する。この点は、これらの漁場を管理する際に考慮しなくてはならない。なぜなら、捕獲される個体の多くは、まだ繁殖を終えていないと考えられるからだ。[5]

一回繁殖は、哺乳類ではまれだが知られていないわけではない。ほとんどの例はオーストラリアに生息する肉食有袋類のグループで、雄だけが、多数の雌と爆発的な交尾活動を一時期おこなったあとに死ぬ。爬虫類では、一部のヘビが一回繁殖型だ。また最近、マダガスカルで、ラボードカメレオンという小型のカメレオンが、短い一生のほとんどの時期を卵のなかで過ごし、孵化してからの寿命がわずか四〜五カ月しかないことが発見された。[6] このカメレオンは、脊椎動物で唯一、植物に多い一年の生活史を送ることが知られている。第5章で見たように、一年生植物は、種子のまま地中で何十年も過ごしたのち、発芽から成長、開花、枯死までをわずか数カ月で終える。

コールのパラドックス

一回繁殖は興味深い現象である。すべての生殖を一度の一時的な繁殖活動に集中させることが、生物が支払える最も重い繁殖のコストである死を招くからだ。これまでに挙げたさまざまな種は、なぜそんなに極端で一見リスキーな生き方を共通して送るのだろう？　ヤシから周期ゼミ、タケ、イカまで、あらゆるケースに当てはまる説明はありうるのか？　じつはある。

では、ここで改めて思考実験をして、一回繁殖が子どもを生み育てる方法として、私たち人間が普通に思い描く方法と見合うかどうかを調べてみよう。まず、一年生植物からだ。仮に、その植物は、一年がめぐった時点で一〇個の種子を作って枯れるとしよう。翌年、一〇個すべてが発芽して生き延び、それぞれが一〇個の種子を作る。すると二年後には、もともとの植物には、一〇×一〇＝一〇〇個体の子孫ができることになる。さて、もし、種子を作ったあとに枯れない突然変異体が一個体できたら、この数値を凌げるだろうか？　生存のためには資源をいくらか取っておく必要があるので、この突然変異体は、一年生植物と同じ数の種子は作れない。たとえば、倹約して九個の種子を作るとしよう。倹約によって、冬を越して春まで何とか生き延びられる資源を残しておけるのだ。冬を乗り切ったら、それはまた九個の種子を作れる。すると二年後には、最初にできた九個の種子がそれぞれ九個の種子を作るので、九×九で八一個になる。それに、生き残っている九個体を足せば、九〇個体だ。そして、もともとの突然変異体が二年めに作る九個体と、それ自身を合わせれば、九〇＋九＋一＝一〇〇個体の子孫となる。全然すごくないだろう？

　わざわざ手間をかけて計算してもらったのは、一回繁殖を打ち負かすのは意外に大変だとわかってもらうためだ。一年生植物が一個でも多く種子を作り出せば（つまり一一個）、生き残り作戦で二〇パーセント以上の差をつけて勝てる（一一×一一＝一二一）。アメリカの生物学者ラモント・C・コールは一九五四年、そのような計算からすれば、すべての種が一年生で一回繁殖をすべきだという奇妙な結論にたどりつくのに、もちろん現実はそうなっていないことに気がついた。[7] なぜだろう？

　これまでの話についてきているなら、あなたは、どこかに落とし穴がないかと探しているか、こう思っているに違いない。「うーん、しかし、もし……？」。それが、コールのパラドックスの肝腎なところだ。このパラドックスは、ただちに疑問を掻き立てる。しかし、もし、すべての種子が生き延びなかったら？　もし、成長した植物が、半分の確率でしか冬を生き抜けなかったら？　もし、成長した植物が、二年めにもっと大きく成長できたら？　クジラがあまりガンにならないというピトのパラドックス（第2章）や、自然選択による老化の許容、閉経の支持というパラドックス（第6章）と同様に、コールのパラドックスは解決すべき進化の謎に私たちの注目を集める。

コールのパラドックスの数学的な解決法は非常に単純なルールだが、自然選択がこのルールに合うように作り出した生物学的な解決法は、じつにバラエティ豊かであり、驚きが尽きない。そのルールは次のようなものだ。繰り返し繁殖型が一回繁殖型に勝つためには、「一回繁殖する個体の子どもの数」に対する「繰り返し繁殖する個体の子どもの数」の比に、「繰り返し繁殖する親」が「子どもを作ったあとに生き延びる確率」を加えた値が、一を超えなくてはならない[8]。このルールに従えば、一回繁殖に勝つ最も単純な方法は、親が繁殖を終えてつねに生き残ることだ（つまり、生存確率＝一）。しかし、すでに見たように、生物学的な現実からすれば、繁殖には必ず代償が求められ、その結果、親はしばしば死ぬことになる。逆に、一回繁殖が繰り返し繁殖との競争で有利になる方法は、親が死亡して少なくなる平均の確率を補うために、十分に多い子どもをもうけることだ。親の平均的な生存確率が低いほど、一回繁殖が出現しやすくなる。さて、計算はもう十分だろう！　このルールが実際の生物でどう移し替えられているかという点が、気になるところだ。

第2章で紹介したタスマニアデビル——新しい感染性の顔面腫瘍性疾患に苦しめられているかわいそうな動物——は、成獣の死亡率が高いと一回繁殖が出現しやすくなることをまざまざと示す例だ。この病気がまだないころには、タスマニアデビルは性的成熟に到達したのち、生きているあいだずっと繁殖をおこなっていた。だが、顔面腫瘍が発生している集団では、感染して二年めの成獣の死亡率がほぼ一〇〇パーセントに達するので、タスマニアデビルは今や、死ぬ前に一回だけ早々と繁殖する。[9] これらの集団で一回繁殖が急速に進化したことは、コールのパラドックスの解決法から予測されるように、成獣の死亡率の影響力を劇的に裏づけるものだ。それは、動物が新しい環境に適応する手段や、それに要する時間、そして進化がその種を絶滅から救う可能性も示している。だが、タスマニアデビルが本当に野生で生き延びるかどうかは、まだわからない。

オーストラリアには、雄は一回繁殖だが、不思議にも雌はそうではない小型有袋類の科がほかにも二つある。たとえば、ブラウンアンテキヌスでは、雌はすべて同じときに発情期に入り、それぞれの雌は多くの雄と交尾して、四匹もの異なる父親とのあいだに最高で八匹までの子どもを産む。[10] このような交尾システムになっているため、雄のあいだでは相手を獲得するための激しい競争が継続的に起こる。雄の体内ではテストステロンが過剰になり、血液中には副腎皮質ストレスホルモンがあふれ、交尾にかける労力のために体の維持が犠牲にされる。[11] 雄は体重が減り、体毛が薄くなり、免疫系が弱くなる。そして寄生生物にやられ、貧血になり、交尾の季節が一度終わると死ぬ。雌の死亡率も高いが、雌はしばしば生き延びて二匹以上の子どもを産む。興味深いことに、いくつかのアンテキヌス種では、子どもの性比は雌のほうが高い。自然選択は、どんな性比ならば平均の繁殖成功度が最も高くなるのかを弾き出したのだ。

ブラウンアンテキヌスやその親類たちのとっぴな生活史は、理論的予測とうまく一致するだろうか？　雄の一回繁殖は、どうやら妊娠した雌の成獣死亡率が高い場合に多くなるようだ。雌の死亡率が高いと、雄はたった一匹の雌との交尾では自分の遺伝子を残せなくなるリスクが高いため、複数の雌と交尾する戦略が選ばれる。たとえ、その労力が雄の死を招くことになってもだ。[12]

なお、アンテキヌスの繁殖にかかわる話には、興味深い顛末がある。集団によって、適応にバリエーションが見られるのだ。西オーストラリア州の二つの島で、アンテキヌスの親類であるアンテキヌスモドキの研究がおこなわれた。それによれば、海鳥が巣を作る島では、土壌の肥沃度が、海鳥のいないもう一つの島の一八倍もある。アンテキヌスモドキは昆虫を餌とするので、好みの餌は肥沃な島のほうがたくさんあるわけだ。その島では、雄のアンテキヌスモドキは、やせた島の雄に比べて交尾後の健康状態がよく、複数回繁殖する個体もいる。[13]もし、妊娠した雌の生存率も、食物が豊富にある肥沃な島のほうがはるかに高ければ、その島では雄の一回繁殖があまり有利ではない理由が説明できる。ただし、実際にどうなのかは、まだ明らかではない。

亜寒帯水域に生息する海水魚のカラフトシシャモは、やはり二つの環境で生活史が異なる。[14] 開水域で生まれた個体は、雌雄ともに一回繁殖型だが、潮間の海岸で生まれた個体は違うのだ。このような生活史の違いは、両方のタイプを一つの水槽で飼育しても維持されるので、遺伝的基盤があるのかもしれない。一回繁殖のルールを踏まえれば、開水域で繁殖する個体のほうが、おそらく捕食魚が存在するために成魚死亡率が高く、潮間で繁殖する個体のほうが比較的安全だと予想される。

母親が子どもの世話をすることは、鳥類と哺乳類に特有な習性だと思われがちだが、昆虫やクモでもその習性が見られ、一回繁殖に有利になることが多い。[15] たとえば、アマギエビスグモの雌は、卵を四〇日にわたって昼夜の別なく天敵から守り、その間に体重が三〇パーセントも落ちる。そのため、二度めの繁殖はできない。[16] 日本のコブハサミムシの雌は、川沿いの石の下に生息し、卵がかえるまで保護する。だが、孵化した幼虫は母虫を食い尽くしたあとに、産卵場所から散っていく。この行動のおかげで幼虫の生存率は高まるが、必然的に母虫の死は早まる。もっとも、いずれにせよ母虫は、厳しい生息環境のなかですぐに死ぬのだろう。[17]

規模の経済

環境要因により成体死亡率が高い場合には一回繁殖が出現しやすくなるが、一回繁殖に至る道はほかにもある。繁殖を一度のビッグバンに集中させることで、繰り返し繁殖より多くの子どもが作れる場合だ。これは「規模の経済」によって起こりうる。たとえば、自動車が発明されて間もない時代には、職人が馬車の製造とほぼ同様のやり方で少数台の車を製造していた。その後、ヘンリー・フォードが登場する。フォードの巨大な工場には多額の費用がかかり、彼は労働者たちに給与を支払う必要もあったが、規模の経済により、費用を抑えて車を大量に製造できるようになった。そのような製造方法では、資本コストは高いが製造単価は安くなる。多くの生物が同様の方法によって、一回繁殖が得になるようにしている。その古典的な例がタイヘイヨウサケだ。

タイヘイヨウサケ属に含まれるいくつかの種は、一生のうち半分を海で過ごし、そのあいだは繁殖活動をせず、もっぱら採餌にいそしむ。たとえば、ギンザケは約一年半のあいだ、海で毎朝、たった一つの考え——「餌を捕ろう」——を抱いて目覚め、十分に餌を食べて成熟する。その後、ギンザケは海岸に向かい、川に入る。ただし、どんな川でもいいというわけではない。[18] それぞれの魚が、生まれ故郷の川を探し出して遡上し、浅くて酸素の豊富な水と、産みつけられた卵が生き延びるのに最適な小石の川床がある場所に戻ってくる。サケは、地球の磁場に導かれて海を渡り、最終段階では故郷の水の匂いの記憶を頼りにして母川を探し当てるようだ。[19] それにしても、なぜ、一番近い川ではなく生まれ故郷に戻ってくるのだろう？

サケは辛い遡上の旅をしなくてはならない。流れに逆らって泳ぎ、捕食者を逃れなくてはならないのだ。一部のサケは海の近くで生まれるので、あまり長旅をする必要はないが、それ以外のサケは、何千、何万キロもの壮大な旅をすることもある。川が長いほど、サケはしっかりと準備を整えて帰郷の旅に臨まなくてはならない。長すぎる川を選んでしまったら、産卵場所に到達するまでに死ぬだろう。というわけで、サケがリスクを最小限にできる唯一の方法が、母川に戻ることなのだ。ただし、母川のなかでも、産卵場所は小さな流れから広くて流れの速い部分までさまざまなので、こうした局地的な条件についても特定の遺伝的な適応が必要となる。回遊後、正しい川の正しい産卵場所を選んだ魚の遺伝子が子孫に受け継がれ、そうでない個体が自然選択によって除去される。このプロセスが代々繰り返され、それぞれの魚種が帰郷の旅を乗り切ってうまく繁殖する能力が、進化を通じて確実に研ぎ澄まされてきたのだ。

サケが母川に回帰すると、川はサケだらけになり、アメリカ先住民の釣り人からクマまで、みなが恵みにあずかる。サケの栄養が捕食者の活動を通じて大量に川岸へと移動するので、ブリティッシュコロンビア州でサケが遡上する川沿いの土壌は肥沃になり、植生は絶えず変化する。[20]捕食はサケの成魚死亡率に強い影響を及ぼすので、この要因一つだけでも一回繁殖が出現しやすくなるに違いない。[21]そのうえ、無事に里帰りする少数のサケにとって、長旅の苦労は莫大な投資に相当するので、命を賭してでもできる限り多くの卵を産むことでしか元が取れないのだ。一回繁殖型のサケが産む卵は、繰り返し繁殖するサケに比べて単位体重当たりで重くサイズも大きいので、稚魚が生き延びる可能性はより高い。[22]

タイセイヨウサケは、親類のタイヘイヨウサケと似た回遊型の生活史を持つが、繰り返し繁殖する。[23] こうした違いがある理由は、明らかではない。どちらのサケも、回遊して産卵場所に戻るのに大変な労力を要するし、故郷に着いたら着いたで、産卵する魚同士の競争にさらされて負担がかかる。したがって、タイヘイヨウサケが一回繁殖型でタイセイヨウサケが繰り返し繁殖する理由を説明できるような、産卵の資本コストの明らかな差はない。もしかしたら、理由の一端は、タイヘイヨウサケが一回繁殖型でタイセイヨウサケが繰り返し繁殖型だといっても、それは一見するほど絶対的なものではないということにあるかもしれない。タイセイヨウサケは、特に雌は二回以上繁殖できるが、雄で繰り返し繁殖する個体はまれだ。一〇〇匹の成魚のうち、生まれ故郷に実際に戻れるのが一匹に満たない川もある。[24] タイヘイヨウサケとタイセイヨウサケの違いを説明できるかもしれない一つの要因は、回遊中の捕食による死亡率である。定量的な比較はまだなされていないが、例年の遡上によって起こるサケ狩り合戦の狂乱状態は、太平洋岸のほうが大西洋岸より激しいようだ。だから、成魚の死亡率は、タイヘイヨウサケのほうがタイセイヨウサケよりはるかに高いのかもしれない。

雌は産卵場所をめぐって競争し、雄は卵を産む雌に近づこうとして競争するので、同じ性別の個体同士で戦いが起こる。そのため進化の働きにより、サケの両顎は鉤状に発達する。サケが海の餌場から淡水に戻ってくると、餌を食べるために用いた歯が鋭くなり、下顎が突き出て武器になる（鼻曲がり）。鉤状のその部分は、「吻《ふん》」と呼ばれる。下顎と吻は特に雄で大きく、雄はその顎で優位に立とうと壮絶な戦いを繰り広げ、それが原因で死ぬこともある。だが、雄が自分の子孫を残す手段は戦いだけではない。タイヘイヨウ《パシフィック》サケだけでなくタイセイヨウサケのなかにも、穏やか《パシフィック》な雄がいるのだ。

じつは、タイセイヨウサケや、タイヘイヨウサケの一種であるギンザケなどには、まったく異なる二つのタイプの雄がいる。回遊して海で餌を食べるたくましい鼻曲がりと、幼魚に似たはるかに小型の若い雄だ。後者は海を回遊せず淡水中にとどまり、そのまま性的に成熟する。こうした年若い早熟雄は、「ジャック」と呼ばれる。ジャックのあいだで小競り合いが起こらないとも限らないが、ジャックには武器が備わっていない。代わりに、自分の子を産ませるために、彼らはこっそりと受精に割り込む戦略を採る。雌の産卵床の近くに隠れていて、チャンスが到来すれば、雌がつがいの相手として選んだ鼻曲がりの下で卵を産んだときに、精子を放出するのだ。

雄の大きく異なる二つの戦略は、どちらもそれなりに成功するようだ。ジャックは海を回遊する重いコストを避けられるとしても、彼らが鼻曲がりに取って代わることはできない。なぜなら、ジャックは雌の産卵を誘発することにかけては鼻曲がりが頼りなので、もし鼻曲がりがほとんどいなくなってしまったら、ジャックも大損をするからだ。一方、鼻曲がりの繁殖成功度にも本質的に限界がある。鼻曲がりが多くなると、雄同士の戦いがさらに激しくなり、ジャックが相対的に有利になるのだ。[25] 一回繁殖型のギンザケでは、ジャックが鼻曲がりより早死にする。繰り返し繁殖するタイセイヨウサケでは、ジャックは海に下るのが遅く、それによって繁殖に失敗するリスクが高まる。[26] いずれにせよ、繁殖が生存に課すコストを逃れるすべはない。

巨大な花

植物では、規模の経済が生じる二種類の状況によって一回繁殖が出現しうる。種子の捕食を免れることと、花粉媒介昆虫を引きつけることだ。風媒受粉植物のタケでは、種によっては開花を一〇〇年以上遅らせ、蓄えたすべての資源を大量の種子の生成に投じることもある。タケはイネ科なので、小麦と同様に、種子は味がよく栄養に富んでいる。そのようなことから、タケが結実すると、さまざまな動物がめったにないご馳走を腹一杯に詰め込む。もし種子が定期的に少量ずつ作られたら、すぐさま一粒残らず食い尽くされるだろうが、捕食者が膝まで埋まるほど大量の種子が同時に作られたら、一部の種子は捕食を免れる。タケが一斉に開花する仕組みはわかっていないが、何らかの体内時計があるらしい。というのは、世界の別々の場所に植えられた同じクローンの苗が、同じ年に開花して枯死することが知られているからだ。[27] ジャイアントパンダは、一回繁殖のタケの葉を主食とする。そのため、この絶滅危惧種が、タケが枯死した場所から開花時期の異なる別の場所に移動できず、飢餓に陥ったと報告されることがある。[28]

周期ゼミは、地中で長い時間をかけて成長したのちに、何百万匹もが地上に現れて交尾し、卵を産み、死ぬが、そのときには開花するタケと同じく、捕食者にとって栄養を大盤振る舞いすることになる。一三年周期で地上に現れる集団もあれば、一七年周期で現れる集団もあるが、異なる年次集団（訳注：発生する年によって分けられる集団）が同じ場所で見つかることは決してない。セミたちは、ある場所で同期して地上に出てくることによって、捕食者を数で圧倒する。セミは非常に多いので、死ぬと、腐敗していく死骸が土壌中で窒素を一時的に多く作り出し、森林植物の栄養源となる。[29]周期ゼミでは、地上に出てくるタイミングを合わせる仕組みが実験で明らかになった。研究者たちは、幼虫が樹液を吸う木に余分な成長サイクルを誘導し、一年に「春」が二回訪れるようにして一七年ゼミの幼虫をだましました。セミたちは、その木の成長サイクルで春を一七回かぞえ、それから一斉に「地上へ出よう！」と声を張り上げるのだ。

環境によっては、植物は授粉者を花に呼び寄せるため、互いに張り合わなくてはならない。その場合、最も大きな飾りが最も授粉者を引きつける。非常に大きな花という飾りを作り出すためには、植物は資源を蓄えて、しかるべく規模の経済を達成するのに必要な大仕掛けな開花ができるようになるまで繁殖を遅らせる必要がある。メキシコや、アメリカ南西部の砂漠に生えるアオノリュウゼツランは、リュウゼツラン属で一回繁殖をおこなう数種の一つだ。[30]アフリカのケニア山の亜高山帯に生えるジャイアントロベリアや、アンデス高地に生息するプヤ属の大きな植物も、何十年もかけて巨大になるまで成長し、持てる資源をすべてつぎ込んで、地元の昆虫や鳥に強い印象を与えるために自然選択により設計された、一つの巨大な花という飾りを作り出す。

一回繁殖は一風変わっているが、意味深い生活史だ。それは繁殖のコストが寿命を制限するさま、そして環境のさまざまな条件が極端で逆説的な繁殖行動の進化につながるさまを示す究極の証拠である。ほとんどの生物は一回繁殖型ではない。だが、繰り返し繁殖する生物も、個体を死に至らしめ、あるいは保護して生活史を形作る同じ進化の力に影響される。次章ではそれを見てみよう。

第8章　生命のペース

生き急ぎ、若くして死ぬ

毎晩俺は違う街にいる。

俺は動き回るのが好きな奴さ。

生き急ぎ、俺は駆けている。

俺は出たとこ勝負でいく。どうせ若死にするんだ。

――ヴェノム「リブ・ライク・アン・エンジェル（ダイ・ライク・ア・デビル）」[1]

（訳注：ヘビメタバンド「ヴェノム」の曲。曲名の意味は「天使のように生きろ（悪魔のように死ね）」）


「生き急ぎ、若くして死ぬ」は、自由気ままなロックンロール・ライフスタイルの挑戦的なモットーで、タトゥーに刻まれたり、人生を駆け抜けた者の死亡記事に書かれたりする。もし、ロックミュージシャンがそれ自体で一つの生物種ならば――実際にそうかもしれないが――、彼らについて研究する生物学者は、多くのロックミュージシャンが二七歳で亡くなっているという奇妙な巡り合わせについて記録するに違いない。[2] 二七歳で死亡する「遺伝子」あるいは「天賦の才」は、ブルース・ギターの創始者ロバート・ジョンソン（一九一一～三八年）に端を発するようだ。エレキギターのパイオニアだったジミ・ヘンドリックス（一九四二～七〇年）は同じく二七歳で生涯を閉じ、ロックンロールの女王ジャニス・ジョプリン（一九四三～七〇年）は、ヘンドリックスの一カ月後にやはり二七歳で亡くなった。二人ともザ・ローリング・ストーンズのブライアン・ジョーンズ（一九四二～六九年）より長生きしたが、ほんのわずかだけだ。ドアーズのジム・モリソン（一九四三～七一年）は、一年後に二七歳でこの世を去った。より最近では、イギリスのR&B歌手エイミー・ワインハウス（一九八三～二〇一一年）が、二八歳の誕生日を迎える約二カ月前に死亡している。

「二七歳クラブ」のメンバーの死因は、記録によれば次のとおりだ。ストリキニーネによる毒殺（ジョンソン）、溺死（ジョーンズ）、窒息死（ヘンドリックス）、ヘロインの過剰摂取（ジョプリン）、心不全（モリソン）、アルコール中毒（ワインハウス）。[3] この生き急いで若死にした者からなる故人限定のクラブには、ほかにもあまり有名でない者が少なくとも四〇人いる。ロックミュージシャンは、寿命が人生のペースと長さのトレードオフに支配されていることを胸の内で知っている。残念ながら、一部の興ざましな統計学者は、ロックミュージシャンは二七歳で死亡しがちだという仮説の検証以外に何もすることがなかったようだが、少なくともイギリスのロックスターについては、そのパターンが幻想にすぎないことを見いだしている。[4] もっとも、その研究では、ミュージシャンの二〇〜三〇代における死亡率が、全人口の死亡率の二〜三倍にのぼることがわかったので、ロックスターは若死にする傾向があるというのは作り話ではない。

とはいえ、ほかの哺乳類と比べれば、ロックミュージシャンでもずいぶん長いゆっくりした生涯を送っていることになる。同じ体重で比較した場合、単独生活をするトガリネズミは、ロックスターの二五倍もの速度でエネルギーを消費する。別の言い方をすれば、トガリネズミが集まって人間一人ぶんの体重になれば、ローリング・ストーンズとドアーズとジミ・ヘンドリックス・エクスペリエンスとエイミー・ワインハウスのバンドからなる、総勢二五人のミュージシャンが繰り広げる夢のジャムセッションに十分なエネルギーを生み出すということだ。[5] トガリネズミは、極端に厳しいライフスタイルを支えるのに十分な食物を摂取しなければならないという切実なニーズに支配されている小型哺乳類だ。そのため、来る日も来る日も体重の二〜三倍もの餌を食べなくてはならず、半日食べないだけで餓死することもある。一方、人間は水だけで数週間生きられる。インドの社会政治活動家マハトマ・ガンディーは、七四歳のときに二一日間断食した。

トガリネズミが食物にほぼ飽くなき欲求を抱く理由は、体が小さいため、そして昆虫を餌とするためだ。哺乳類と鳥類は恒温動物なので、生理機能は体温を一定に維持するようにプログラムされている。冬に家を暖房するのと同じで、体温の調節には、体内での発熱と体外への放熱のバランスを取ることが必要だ。熱は、細胞がブドウ糖（グルコース）を燃やすことで生み出され、皮膚の表面からの放散によって失われる。体のサイズは、このバランスに影響を及ぼす。なぜなら、熱の産生と損失という相反する二つのプロセスは、体のサイズとの比例関係が異なるからだ。

仮に、体が球形だとしよう（たとえば、ヤマネや一部のオペラ歌手ならば、想像力をちょっと飛躍させればいいだけだ）。すると、熱を産生する細胞全体の体積は、体の半径の三乗に比例するが、熱が放出される体の表面積は、半径の二乗に比例する。では、半径がたとえば三センチの小さな球と、三〇〇センチのはるかに大きな球を比較してみよう。小さな球の体積と表面積の比は一対一だが、大きな球の比は一〇〇対一だ。要するに、同じ体温にするためには、小さな体は大きな体に比べて一〇〇倍強い熱を生み出さなくてはならない。というわけで、トガリネズミは体を温かく保つのが大変だが、クジラは体を涼しく保つのに苦労する。

小型哺乳類が生き続けるのに十分な熱を生み出すには、絶えずボイラーに燃料をくべるしかない。この要件はどの小型哺乳類にも当てはまるが、トガリネズミにはさらなるハンディがある。餌の昆虫が、あまり高エネルギーではないことだ。植物の種子を餌にする小型齧歯《げっし》類は、昆虫を食べる動物よりずっと楽に暮らせる。そのわけは、種子には脂肪やデンプンといった高エネルギーの化合物が詰まっているからだ。種子を食べる動物はガスコンロで料理をするのに対して、昆虫を食べる動物はろうそくで料理をするようなものと言ってもいい。もっとも、どちらも体が小さいために、生き急ぐことを強いられる。

ルブナーの生命活動速度理論

大型動物が、もし小型動物と同じ速さで生きたら発火してしまうだろう。そして、クジラの代謝による発熱で、周囲の海は沸騰するだろう。だが、実際にそうならないのは、体が大きいほど代謝速度が下がるからだ。トガリネズミの心臓は、毎分六〇〇回という途方もないペースで打つが、ゾウの鼓動は、毎分二五回と落ち着いている。[6] 一九〇八年にドイツの生理学者マックス・ルブナー（一八五四〜一九三二年）は、代謝速度と寿命の関係を調べた結果を発表した。彼の考えでは、その結果は「生き急ぐ動物は若くして死ぬ」という黄金の法則を明らかにするものだった。

ルブナーは、五種の家畜化された哺乳類の代謝速度を測定した。それらのサイズはモルモットからウマまでとさまざまで、寿命は六年（モルモット）から五〇年（ウマ）まで開きがあった。小さな動物のほうが大きな動物より代謝速度が高いが、ルブナーの計算では、一生のあいだに消費するエネルギーの総量は、短命のモルモットでも長寿のウマでも、同じ重量の組織ではほぼ同じという結果になった。このルールは、トガリネズミとロックスターを比較した場合にも当てはまるようだ。トガリネズミはロックスターの二五倍の速度でエネルギーを消費するが、寿命はたいてい一年に満たない。そしてロックスターの細胞は、「二七歳クラブ」に加入するまでに、二五年を少し過ぎるくらいで同量の燃料を使うのだから。

代謝にかかわるルブナーの実験は、寿命はエネルギー消費の限度によって決まる面があることを示唆するようだった。もし、さまざまな種の個体が、一生に使えるエネルギーとして大まかに同じ量を割り当てられているならば、その個体の寿命は、エネルギーをどれだけ速く使い尽くすかにかかっていることになる。ルブナーの考えは、生物の体を、速く稼働させるほどすぐに消耗する機械と考えると直感的にわかりやすい。だが、老化においては、体を機械にたとえるのが誤解を招くことを今や私たちは理解している（第6章を参照）。だが、その比喩を受け入れたとしても、なぜエネルギーの消費は制限されているのだろう？　言い換えれば、なぜ細胞が使えるエネルギーの容量は制限されているのか？

ルブナーの「生命活動速度理論」は、レイモンド・パール（一八七九〜一九四〇年）の力添えを得て大いに支持された。パールはアメリカの有力な生物学者・統計学者で、著書を一七冊ほど執筆しただけでなく、七〇〇件もの論文や記事を書くなど、並外れた量の著作を残した。それらは、評判のよい『レディース・ホーム・ジャーナル』誌から専門家向けの『米国科学アカデミー紀要』誌まで、さまざまな刊行物に掲載された。パールが選んだ題材は、ガンからカンタロープ

（メロン）、家禽、人口増加まで多岐にわたり、それらはどんなテーマでも数字で解決できるという彼の深い信念に基づいていた。あいにく、パールの数の理解やその解釈は必ずしも正しいとは限らなかったのだが、彼はそれを指摘されると激しくつっかかることもあった。[7] パールの最もひどい間違いは、勤務先のジョンズ・ホプキンス病院でおこなわれた死体解剖を分析したときに起こった。彼は結核がガンを予防するという誤った結論を導き出したのだ。この分析結果に基づいて、何人かの末期ガン患者が、結核菌に由来する物質を注射された。患者たちは亡くなったが、パールはその治療を成功と見なした。[8]

パールの数学的な頭が、寿命と死亡率に興味を引かれたのは驚きではない。それらは数量化にうってつけの対象だったからだ。パールは、二四歳のときに発表した死亡率にかかわる最初の論文から、亡くなってから一年後に発表された「寿命にかかわる実験研究」というシリーズの一六本めの論文まで、生存と死亡の法則に対する数学的な解決法を追求した。[9] 彼は一九一九年に、ボルティモアのジョンズ・ホプキンス大学医学部に着任したが、移籍してわずか三週間後に大打撃を被る。研究資料や論文をはじめ、老化の長期研究に備えて準備していた実験用マウスまで、すべてが研究室の火災で失われたのだ。[10] この災難のあと、パールはみずからを奮い立たせ、研究室を立て直すための援助をほかの科学者たちに呼びかけた。そして研究の対象を、マウスから寿命が短く結果がすみやかに出るショウジョウバエに切り替えて研究に邁進した。

もっとも、パールの人生は仕事一辺倒だったのではない。彼は「サタデー・ナイト・クラブ」の熱心なメンバーだった。クラブのメンバーたちは、皮肉好きな著述家・ジャーナリストのH・L・メンケンがボルティモアに構えていた家で酒盛りをして騒いだ。クラブの紋章入りの盾には、ロブスター、タマネギとプレッツェル、ビールのジョッキ、バイオリンが描かれ、それらは連なったソーセージの文様で区切られていた。クラブでは、地元の音楽学校の生徒たちによって音楽が演奏され、パールはフレンチホルンで参加した。演奏されたのはロックンロールではなく、本格的なクラシックだった。あるとき、クラブのオーケストラは、ベートーベンの交響曲を第一番から第八番まで通して演奏する計画を立てた。パールは第五番の第一楽章まで到達したが、彼のフレンチホルンは「自滅した」とされる。[11] パールなら、そのあとに管楽器の死亡率にかかわる研究、というより少なくとも管楽器奏者の死亡率にかかわる研究を思いつきそうなものだが、どうやらこのテーマは、彼の頭についぞ浮かばなかった数少ない統計研究の課題の一つらしい。

当時は禁酒法時代だったので、サタデー・ナイト・クラブのビールはメンケンの地下室でひそかに醸造され、ビール瓶は発酵の圧力でたびたび破裂した。[12] パールは、死亡率に対するアルコールの影響を調べた初の科学者だったようで、苗木の成長に対する影響まで調べている。[13] パールは、ほどほどの飲酒ならば寿命が短くならないことを発見した。この知見は、より最近の研究によって確かめられている。それによれば、むしろ適度な飲酒によって寿命は延びるとのことだ。[14]

のちにパールは、喫煙はたとえほどほどでも寿命に悪影響を及ぼすことをいち早く示した[15]。それで彼は、タバコはやめてもっと酒を飲もうというひねくれた考えを持つようになった。

パールは一九二六年に出版した著書『アルコールと寿命』を、サタデー・ナイト・クラブのメンバーに捧げた[16]。彼らは、ビールを飲み干したグラスの底越しにその結論を読んで、喜んだに違いない。禁酒法時代のまっただ中にあっては、そのような献呈は当局に対する大胆不敵な挑戦に見えるかもしれないが、パールは新聞雑誌に記事を寄せ、科学によって通念の誤りを暴くことがよくあったので、当時、独立独歩の人としてよく知られていた。そんなパールは、ピューリッツァー賞に選ばれたシンクレア・ルイスの小説『ドクターアロースミス』にも端役で登場する。小説のタイトルである架空の主人公アロースミスは、レイモンド・パールに助言を求める。パールは例によって、腺《せん》ペストの治療法を見いだしたとするアロースミスが示した根拠の妥当性を疑うのだ[17]。

生命活動速度と寿命の関係を調べるパールの実験研究は、ショウジョウバエやカンタロープの苗木でおこなわれた。以前に実験した研究者たちと同様に、パールも低温で飼育されたハエが、保温された環境中のハエより長生きすることを見いだした。寒いところでは、ハエはあまり動かないので、パールは活動の低下によって寿命が延びたと結論づけた。カンタロープの苗木は、暗く栄養の乏しい環境で育てられた。パールは、この単純な実験によって重要なことがわかるはずだと大きな期待をかけていた。そのため、成長の遅い苗木が長生きすることを見いだすと、この結果を、「生き急ぎ、若くして死ぬ」という一般原則をさらに裏づける証拠として解釈した。

パールは著書『生命活動の速度』(一九二八年)で、あらゆる証拠は「寿命が生命活動と逆相関する」ことを示しているという結論をくだした。[18] 彼は生命にかかわるこの普遍的なルールによって、人間同士の寿命の違いについても説明できると考えた。それでも、自分がおこなった講義シリーズの「死の生物学」を読んだか聞いた科学者には、人びとの職業、エネルギー消費と寿命の関係にかかわるデータはほぼ解釈不可能であり、それを用いて生命活動速度理論を証明することはできないと忠告している。[19] にもかかわらず、わずか数年後に彼は、『ボルティモア・サン』紙の一般向けの記事に「なぜ怠惰な人が長生きするのか」という見出しをいそいそとつけた。[20] パール自身は六一歳までしか生きられなかったが、彼がそんなナンセンスな記事を書くのを面倒がったならば、もっと長生きしたかもしれないというのは興味深い見解だ。

パールは生命活動速度理論の売り込みに少し張り切りすぎたかもしれないが、この理論を支持する証拠が別の方面から集まり始めた。ミジンコは体がほぼ透明なので、心臓が鼓動する様子が見える。そこで研究者たちは、このちっぽけな甲殻類をさまざまな温度に保った容器で飼育し、ミジンコが寿命を全うするまでの心拍数をかぞえることができた。すると確かに、温かい水中よりも冷たい水中で暮らしたミジンコのほうが、鼓動が緩やかになり、それとまさに比例する形で長生きしたのだ。[21] これは生命活動速度理論のさらなる裏づけだった。心拍数と寿命はきっちりと逆相関したので、この微小な生物はパールの著書から答えをカンニングしたと言えるほどだった。代謝速度にかかわるデータは、より多くの哺乳類種で集められた。それによってモルモットとウマのあいだの欠落部分が埋まり、より小さな動物や大きな動物のデータも得られ、マックス・ルブナーの発見した関係は本当に一般的なルールだと証明されたように思われた。

フリーラジカルは老化の最大要因か

一九五〇年ごろには、生命活動速度理論はかなり確かな説だと見なされていた。そこで大きな問題となったのが、次のことだ。生涯のエネルギー消費に制約を設けて寿命を制限する要因は何か？　パールは、細胞には何らかの重要な分子が含まれており、それが使い果たされるに違いないと考えていたが、その分子の正体は、彼の計算能力をもってしても突き止められなかった。それから一九五四年になって、カリフォルニア大学バークレー校に勤務するデナム・ハーマンという医師が別の説を考え出した。ハーマンは、どんな生物も老化することに頭を抱えたが、化学者としてシェル石油で一五年間働いてから医学部に入ったので、この問題を化学的な視点から考える準備が十分にできていた。そして四カ月間にわたってこの問題に悩み続けた末、ついに答えが彼の頭に浮かんだ。[22]

ハーマンは、寿命を制限する要因は、パールが推測したような何らかの物質の枯渇ではなく、代謝で生成される特殊なタイプの分子によるダメージの蓄積だと提唱した。諸悪の根源とされたのは、「フリーラジカル」と呼ばれる分子だ。フリーラジカルは、糖が酸素と結びついて化学エネルギーが放出されると必ず生成される。この反応は化学用語で「好気呼吸」と呼ばれるもので、高度に制御されたエネルギー燃焼プロセスだ。空気中でのどんな燃焼とも同じく、好気呼吸が危険な副産物を生じうるという考えは、おそらく石油会社で働いていたハーマンのような化学者にしか思いつけなかっただろう。これが、ハーマンがこの考えを一九五六年に発表したのち、[23]化学を理解していなかったとおぼしき生物学者から一〇年近くにわたって無視されたり嘲笑されたりした理由かもしれない。ハーマンの説が認められるようになるまでに二〇年以上かかった。だが、いったん認められると、その説はまさしく熱烈に支持された。

フリーラジカルというのは、対になっていない電子（不対電子）を持つ小さな分子である。電子はマイナスに帯電した粒子で、対になりたがるため、フリーラジカルは化学的にきわめて反応性が高い。デナム・ハーマンは、不対電子を持った酸素原子を含むタイプのフリーラジカルが細胞内で問題を引き起こすと考えた。このような酸素フリーラジカルは、細胞内の分子にくっつき、分子を酸化して、分子が重要な生物学的機能を果たすのを邪魔するので、細胞に有害な作用を与える恐れがある。たとえば、家庭にある漂白剤は酸化剤で、生物学的物質――テレビのコマーシャルでよく言われる表現を使えば「頑固な染み」——を分解する。そのような酸化力を持つフリーラジカルが細胞内にあると想像してもらえば、フリーラジカルによるダメージについて、ある程度見当がつくだろう。酸素フリーラジカルは特に、脂肪やタンパク質、核酸（DNAやRNA）といった細胞内の重要な分子のほぼどれにもダメージを与えうる。DNAへのダメージは年齢とともに蓄積する。ただ、一部の科学者はこのダメージが老化の最大要因だと主張しているが、その点は明らかではない。[24]

ハーマンが唱えた「老化のフリーラジカル説」は、生命活動速度理論では説明できない部分を埋めた。二つの説は、調子よく稼働している機械のなかにある、十分に油を差した歯車のようにうまく噛み合った。生命活動速度理論では、寿命は代謝の悪影響によって本質的に制限されると提唱された。生体という機械を毎分六〇〇回の心拍数で動かせば、死がすぐにやって来る。一方、大型哺乳類のように生命活動のペースが緩やかならば、死神の訪れは遅くなる。そしてフリーラジカル説では、生命活動の速度が寿命にそのような影響を及ぼす原因が説明された。好気呼吸は、悪魔との協定と言える。つまり、好気呼吸なしではむろん生きられないが、好気呼吸をして永遠に生きることもできない。生命の火で燃やすすべてのカロリーが、あなたの火葬用の薪も補給するのだ。じつは不思議なことに、これは新規な発想ではない。ウィリアム・シェークスピアはソネットで、老齢を、まだ輝きを放っている燃えさしにたとえている。

青春の灰の上に残る燃えさしの輝き、
かつて炎を生み出したものの灰に埋もれ、
死の床でついに燃え尽きる。[25]

二〇世紀末までに、老化にかかわるこれら二つの説は、事実上一つにまとまった。生物学者は、十分に油を差した機械こと生体の隅から隅までを調べ上げ、その機能を分子レベルで詳細に明らかにした。[26] ハーマンによるフリーラジカル説の重要な転機となったのは、特に強力な酸素フリーラジカルを害の少ない分子に変換する酵素が一九六九年に細胞内で発見されたことだ。この酵素は、「スーパーオキシドディスムターゼ（SOD）」と命名された。ほかの抗酸化物質も続々と見つかった。そのなかには、SOD以外の酵素や、果物や野菜などの食物に含まれる抗酸化小分子などがある。細胞がフリーラジカルの害を防ぐ武器類を備えていることによって、フリーラジカルは危険だとするハーマンの考えは、最高位の権威——自然そのもの——からお墨付きを得た形になった。だが、お墨付きと一緒に警告も発せられるべきだったろう。もし細胞がもともとフリーラジカルから十分に守られているならば、フリーラジカルは脅威になりうるというハーマンの考えは正しかったということだ。しかし、フリーラジカルが実際にどこまで老化の要因かという点では、彼は間違っていたかもしれない。なぜなら、自然がフリーラジカルの問題に対処している可能性もあるからだ。

間違っていた前提

一方で生物学者は、レイモンド・パールの説から逸脱しているように見えるいくつかの動物で、代謝速度と寿命の関係を綿密に調べていた。一九九一年、当時ハーバード大学にいたスティーブン・オースタッドとキャスリーン・フィッシャーは、生命活動が速いと寿命が短いという関係に当てはまる種がほとんど陸生の有胎盤哺乳類であることに気づいた。ほかのタイプの哺乳類はどうだったかと言えば、コウモリは体のサイズが同じくらいの陸生哺乳類と比べて、寿命が二～三倍ある。一方、カンガルーやオポッサムなどの有袋類は、寿命が約二〇パーセント短い。とすると、生命活動速度理論によれば、コウモリは短命の陸生哺乳類より代謝が遅く、有袋類は寿命の短さに似つかわしく代謝が速いはずだ。しかし、オースタッドとフィッシャーが実際に見いだしたことは、まったく違っていた。コウモリの代謝速度は、体のサイズが同じくらいで短命の陸生哺乳類とほぼ同じであり、有袋類の代謝速度は、体のサイズや寿命から予想されるより低かったのだ。それだけでなく、冬眠してエネルギーを蓄えるコウモリや有袋類の種において、冬眠のおかげで寿命が延びることを示す証拠は見当たらなかった。[27] 鳥類は、生命活動速度理論で予測されるパターンからコウモリ以上にはずれている。体のサイズが同じくらいの陸生哺乳類と比べて寿命が長く、しかも代謝速度は二倍以上あるのだ[28]。

生命活動速度理論にとどめを刺したのは、ハーバード大学のジョアン・ペドロ・デ・マガリャンイスだ。彼は動物の寿命について、「ＡｎＡｇｅ」というデータベースをまとめた。そのデータベースには、本書を執筆している時点で四〇〇〇種以上の動物が収録されている[29]。マックス・ルブナーが先駆的な研究で代謝速度と寿命の関係について提起してから約一〇〇年後の二〇〇七年には、ＡｎＡｇｅのデータの総合的な解析によって、動物の体のサイズを無視すると、鳥類でも有胎盤哺乳類でも寿命と代謝速度に関係がないことが示された[30]。言い換えれば、パールの生命活動速度理論は間違った前提に基づいていたということだ。パールは寿命と代謝速度に関連があると考えたが、実際には、代謝速度と体のサイズに関係があるためにそう見えていた。それに、パールは特定の種しか調べられなかったので、彼の理論は偏っていたのだ。

だが、パールが生命活動速度理論の裏づけとしてまとめた実験的証拠はどうなのか？　それも振るわない。パールがおこなったような単純な実験が本当に重要な意味を持つこともあるが、パールは実験結果に対する別の解釈可能性を無視したため、浅はかな結論を導いてしまった。ショウジョウバエの飼育温度を下げた実験では、低温にするとあらゆる生物学的プロセスが遅くなる傾向があることを彼は忘れていた。つまり、低温で飼育したハエで、二つのプロセス――活動と死亡――が両方ともゆっくりになったことを示しても、一方が遅くなったことが原因で、もう一方も遅くなったとは立証できない。低温になると遅くなるが、活動とは無関係な未知の老化プロセスが、ハエの実験で長寿を引き起こした本当の原因かもしれなかった。これは「第三変数の問題」として知られる。私たちが見たように、パールや多くの研究者が、代謝速度と寿命の関係を解析するときに第三変数の問題に足をすくわれた。この場合の第三変数は明らかだった。体のサイズである。

パールがカンタロープでおこなった実験について言えば、それはきわめて不自然で人工的な環境でおこなわれたので、飢餓条件では、限りある資源が成長で使い尽くされる速度によって苗の寿命が決まるということは、非常にはっきりと示された。だが、第5章で紹介した、より最近の植物の実験を思い出してほしい。それによれば、成長が速いと死亡率も上がったが、それはストレスの多い状況に限られていた。「悪い時代には、生き急ぎ、若くして死ね」というのは、パールが探し求めた普遍的な法則ではない。だがそれは、私たちがこれまで見過ごしていた重要なことをほのめかしている。環境条件と、環境条件が寿命に及ぼす影響だ。

外部要因による成体死亡リスク

生命活動速度理論は失墜した。寿命は、代謝速度によって決まるわけではない。だが、代謝速度と関連のある体のサイズは、確かに寿命に影響するようだ。そこで、この点をもっと掘り下げてみよう。第2章で見たように、体のサイズが寿命に影響を及ぼすという考えは、古代ギリシャの哲学者アリストテレスにさかのぼるが、大型の動物ほど長生きするというルールには、明らかな例外がいくつかある。そのような例外の種が、大いに参考になる。たとえば、小型齧歯《げっし》類のハダカデバネズミは、齧歯類の最大の種であるカピバラの二〜三倍も長生きする。ハダカデバネズミ（naked mole rat）（訳注：字面で訳せば「ハダカモグラネズミ」）は、名前からうかがえるように、地下で暮らす。彼らは地下生活者なので、一部のヘビは除いて多くの捕食者から守られている。そしてこれは、地下で生活する哺乳類が一般に長寿なことと関連があるようだ。[31]

　前述したように、コウモリや鳥類も、体のサイズが同じくらいで飛べない動物より概して長生きする。では、飛翔能力や、捕食者から守られていることが、長寿の要因だろうか？　この仮説を検証するよい例が、飛べない鳥だ。彼らは進化の過程で、大型の体を獲得する代わりに飛翔能力を手放した。このような進化的変遷は、大洋中に孤立した島で別々に何度か起こっている。そのような島では、人間とドブネズミがやって来るまで捕食者がいなかった。飛べない鳥の一つの例が、絶滅した鳥の象徴であるドードーだ。ドードーはシチメンチョウほどの大きさがあるハト目の飛べない鳥で、インド洋のモーリシャス島で進化した。ドードーでは、飛翔能力がなくなると寿命が縮まっただろうか？　ドードーの寿命はわからないが、ドードー以外に飛べない大型の鳥が今も二種生きており、寿命が測定されている。一つはダチョウだ。ダチョウは成長すると体重が一〇〇キロを超えるまでになり、飼育下では最高で五〇年ほど生きる。体が同じくらいのサイズの哺乳類と比べれば、五〇年というのはたいした数字だが、鳥と比べればそうでもない。たとえば、ヨウムは体重がわずか五〇〇グラムほどだが、ダチョウと同じくらい生きる。大型の飛べない鳥としては、もう一種、エミューがいる。エミューは体重が四〇キロほどになるが、寿命は一七年ほどと短い。エミューの寿命はコマツグミと同程度だが、コマツグミの体重はわずか七〇グラムほどしかない。というわけで、体のサイズがすべてではないのは明らかだ。一方、飛翔能力は確かに寿命を延ばすように見える。

大きな体のサイズや、地下に隠れるか飛んで逃げる能力に加えて、長寿と結びつく特性としては、動物が捕食者にとってまずい味になる化学的防御[32]、冬眠[33]、哺乳類ならば木のなかに棲むこと[34]、カメの甲羅などがある[35]。こうした各種の特性から何がわかるだろうか？　体のサイズや、これらの雑多な特性によって寿命が延びる理由は、それらがすべて、捕食者に対する防御機能を与えるという一つの説明で明らかにできそうだ。じつは注目すべきことに、ジョージ・C・ウィリアムズは、一九五七年に発表した老化の進化にかかわる論文で、まさに同じパターンを予想していた[36]。だが当時、ほかのほとんどの科学者は、欠陥のある生命活動速度理論を支持していた。

ウィリアムズは、次のように主張した。自然選択は、最も多くの子孫を残す生物を優遇するだろうから、特定の生物種がどれだけ多くの子孫を残すかを弾き出すには、寿命をいくつかの年代に区切り、それぞれの年代で生まれる子ども（子孫）の数を合計すればいい。これはじつに単純な考えだが、これから比喩を利用して、この主張の重要だが複雑な部分を説明しよう。

寿命は、列車の連なった客車で表される。それぞれの客車が、人生のある時期だ。列車の先頭に機関車があり、それは人生の若い時期を表している。機関車には客は乗っていないが、機関車の走りが、後ろに連なる全車両の乗客の運命を握っている。乗客を自分の子どもたちと想像してほしい。すると、機関車が動かなければ、みなどこにも行けないことがわかるだろう。私たちの関心は、列車がどこまで進むか、言い換えれば寿命がどれくらいあるかということなので、機関車が動くことは当然の前提としよう。自然選択は、寿命に作用するときには、駅を出発できない機関車に対して私たちと同じく関心がない。なぜなら、それには子どもたちが乗っていないからだ。

動いている機関車の後ろには一〇両の客車が続いており、それぞれはランダムに切れる壊れやすい鎖で連結されている。一両めの客車は大人になりたての時期で、一〇両めは最晩年だ。この列車を操作するのは自然選択で、列車が出発する前に、乗客、つまり子どもたちを一〇両すべての客車に振り分ける。次の駅まで行く途中で連結器の一つが壊れ、それより後ろの車両に乗っているすべての子ども（「乗客」という建前はもう捨てよう）が失われる。では、もしあなたが、そのような列車に子どもたちを乗せて、なるべく多くの子どもを次の駅に送り届けることを任されたら、どの客車に子どもたちを割り当てればいいか？

その答えはすぐに出せる。子どもたちを若い時期の客車に乗せ、高齢期の客車を避けるのだ。最晩年期を表している一〇両めは、失われる確率が最も高い。なぜなら、その前に九両の客車があり、機関車と客車、そして客車同士をつなぐ壊れやすい連結器が一〇個あるからだ。連結器の壊れやすさがみな同じならば、最後尾の客車に乗っている子どもが次の駅にたどり着けないリスクは、最前（最も若い時期）の客車に乗っている子どもの一〇倍もある。これはピーター・メダワーが、高齢期は次世代に対する貢献度が小さいので、自然選択にとって重要ではないと推論したのと同じ主張だ。

私が提示した質問に対して、あなたは「自分なら一両めにすべての子どもを乗せる」と答えたかもしれない。それが可能ならば一番安全に違いないが、客車の大きさは限られているし、多くの子どもたちを乗せていかなくてはならないので、いくつかの客車に分ける必要がある。そこで質問だ。あなたは子どもたちをどの客車まで乗せる危険を冒すか？　この質問に対する答えは、連結器が壊れるリスクの度合いにかかっている。もし、壊れるリスクが高ければ、列車をとても短いものと見なして、先頭から数車両にしか子どもたちを乗せないことだ。短い列車は、短命に相当する。逆に、もし連結器が壊れるリスクが低ければ、より多くの客車に子どもたちを安全に乗せられる。したがって、列車は長くなる。つまり、それが象徴する寿命は長くなるということだ。

ここまで来たら、頼りにならない連結器が外部要因による成体死亡リスクを表すことを明らかにするだけで、この比喩を締めくくれる。「外部要因による」というのは、リスクの原因が、その生物自身がコントロールできないところにあるという意味にすぎない。もっとも、生物はそんなリスクを避けたり、逃れたり、とにかく体重のおかげで身を守れたりもするが。では比喩から現実に戻り、成体死亡率が高いと短命になりやすく、成体死亡率が低いと長寿になりやすいとウィリアムズが予測した理由を見てみよう。

ところで、あらかじめ一つ注意を喚起しておかなくてはならない。それは、危険を冒して線路を渡る前に上下線を確認せよという警告だ。そうでないと、私が述べた止めどない比喩が暴走し、あなたは巻き込まれる恐れがある。私は寿命を決定する進化のプロセスが、まるで自然選択が何らかの意図を持ち、子どもたちをいくつの客車に乗せるかを目標志向で選ぶかのように描写したが、この考えは誤解を招きかねないので、文字通りに受け取ってはならない。自然選択は、行き当たりばったりに子どもたちを客車に配分し、子どもたちが無事に目的地に着くまでその数はかぞえない。むしろ、このような列車が何千、何百万、何十億本もあり、最も多くの子どもを送り届ける列車が、次の駅で複製される一方で、最適な客車の数より長すぎるか短すぎる列車は、側線に入って情けなくも停止し、忘れ去られると言ったほうがいい。

生命活動速度理論と、今説明した死亡率仮説を比較してみよう。それらの大きな違いは、死亡率仮説では、寿命が自然選択によって決定される仕組みについてはっきりと論じているが、生命活動速度理論では、自然選択の関与に何も触れていないことだ。死亡率仮説では、ある世代から次の世代までを駆け抜ける短命の速い列車から、世代の駅と駅のあいだの運行に時間をかける長寿の遅い列車まで、一連の生活史のタイプがあると予想される。

生命活動速度理論では、寿命は代謝速度と逆相関すると予測されるが、代謝が速いのに寿命の長い鳥などの動物が発見されたため、この予測は誤りであることが証明された。死亡率仮説でも、「生き急ぎ、若くして死ぬ」のはまさに生命のルールだとされるが、「速い」、「遅い」は代謝ではなく、世代時間で測定されるライフサイクルのスピードだ。この定義によれば、コウモリや鳥類は陸生哺乳類より、速い生活史ではなく平均して遅い生活史を持っていることになる。死亡率仮説を検証するにあたっての問題は、もうあなたも気づいたかもしれないが、次のようなことだ。高い死亡率にさらされた集団は、短命を余儀なくされるのか？　確かにそれは問題だ。ということで、この仮説が正しいことを確かめるためには、成体死亡率と寿命に相関があることだけでなく、成体死亡率がもたらす影響に応じて進化が老化速度を変化させていることを示す必要がある。

野生の動物集団の老化速度を測定するためには、多くの個体にかかわる詳細な情報を長期間にわたって集める必要があるので、老化速度のデータは、寿命についての単純な統計データより得られにくい。だが、鳥類や哺乳類についての入手可能なデータからは、予測どおりに、死亡率の高い集団では老化が急速に進むこと[37]、また、世代時間が同じ鳥類と陸生哺乳類では老化が同じ速度で進むことが確かに示されている[38]。これらの知見から示唆されるのは、もし陸生哺乳類が鳥類より平均して速い生活史を持っているならば、世代時間は哺乳類のほうが平均して短く、成体死亡率は哺乳類のほうが平均して高いに違いないということだ。

これまでのところ死亡率仮説は申し分ないが、今では否定されている生命活動速度理論と同様に、相関関係は紛らわしくて誤解を生む恐れがある。そこで、いくつかの実験的証拠を見てみるのがいいだろう。例によって、それに応えてくれるのがショウジョウバエだ。ショウジョウバエの実験は、牛乳瓶のような半パイント瓶でおこなわれる。それぞれの瓶に標準的な量の餌が置かれ、一定数のハエの卵が入れられる。卵は孵化して小さな幼虫になり、固めた餌をむさぼり食って餌のなかをくぐるようになる。幼虫は、一週間ですっかり成長する。そして瓶の壁をよじ登り、ガラスにへばりついて、さなぎになる。さなぎの内部では、特殊な大改造が起こる。幼虫の組織がドロドロに溶け、並べ替えられて成虫の複雑な組織になるのだ。この驚くべき変態は一週間かけて完了し、さなぎから成虫が現れる。

これはとても単純な実験システムのようだから、失敗のしようがないと思うかもしれない。だが問題は、「外部要因によって成虫死亡率が上昇すると、寿命が縮まるか？」といった、いかにも直接的な質問に対しても明快な答えが出るような実験を考え出すことだ。例の厄介な隠れた第三変数を排除するのは、容易ではない。たとえば、実験者が一群の瓶からハエを間引くことで死亡率を高めたとしても、そのように処置した瓶ではハエの集団の密度が下がるので、死亡率の上昇という意図した効果だけでなく、密度の低下という意図せぬ効果も生じることになる。とすると、その処置によってハエの寿命に影響があった場合、いや実際には影響がなかった場合にも、その原因は死亡率の変化とは限らず、集団の密度の変化、あるいは両者の組み合わせにあるのかもしれないのだ。

最初期におこなわれた一部の実験には、こうした第三変数の問題があった。だが、ようやく二〇世紀の終わりになって、この手の実験につきまとう問題点が解決され、死亡率仮説が決定的なテストで検証された。[39]実験者は週に二回、瓶からハエを間引き、そのたびに新たなハエを補充して集団の密度を維持した。すると、死亡率を低くしたハエの集団では、一週間の生存率が六四パーセントなのに対し、死亡率を上げる処置をした集団では、生存率がわずか一％しかないという結果が出た。この実験は、五〇世代以上でおこなわれた。人間に換算すれば、約一〇〇〇年のあいだ実験が続けられたようなものだ。では、こうやって多くの世代を経ると、死亡率を上げた集団のハエは短命になるだろうか？　この疑問を解くため、飼育瓶からハエを取り除いて新しい瓶で産卵させ、生まれたハエの自然死亡率を一〇〇日以上にわたって測定する取り組みがなされた。この実験でも、死んだハエを除くときにハエを補充することによって、集団の密度は一定に保たれた。ハエの数をかぞえるときには、補充された「余分な」ハエは、目の色によって実験対象のハエと区別された。

結果は死亡率仮説から予測されたとおりで、外部要因による死亡率（外的死亡率）を高めると寿命は有意に縮まった。ただし、五〇世代の選択による変化はごくわずかだった。死亡率を高めた集団のハエの寿命は、平均すると約四・五日しかなく、外的死亡率がはるかに低い条件で飼育したハエの寿命より七パーセント短かった。死亡率を高めたハエの集団では産卵パターンも変化し、死亡率の低いハエの集団より早い時期に産卵のピークが訪れた。

死亡率を高めた集団のハエの寿命が短くなった原因としては、高齢期に作用する新たな突然変異がわずか五〇世代で蓄積したというのは考えにくい。むしろ、より早く繁殖する遺伝的変異を持つ個体が、自然選択に優遇されたに違いない。第6章で見たように、繁殖は多くの場合、その後の生存に犠牲を強いるので、死亡率を高めた集団のハエでは、早く繁殖すること自体がみずからの命を縮めた可能性もある。[40]じつは、これは、雑草が死亡率の高い条件に合わせて寿命を変化させる仕組みにほかならない。というのは、植物では生殖細胞系列と体細胞系列が分離していないので、突然変異が蓄積して老化が起こるとするメダワーの説は当てはまらないからだ。

ところで、「雑草」の定義は、単に「ふさわしくない場所に生えた植物」なので、ほとんどの場合、これは勝手なレッテルだ。「ふさわしくない場所」だなんて誰に言えるだろう？　とはいえ、「雑草」というレッテルのおかげで、庭師がこれらの植物に課す外的死亡率がじつによくわかる。二つのありふれた雑草――ノボロギクとハコベ――の寿命を比較した研究では、これらの寿命が、雑草がせっせと抜かれるイギリスの植物園では、自然の生息地に生えている同じ種の集団よりかなり短いことが見いだされた。庭師たちは、意図せずして雑草に実験をおこなってきたらしい。そして外的死亡率を高めた結果、雑草のなかで開花が早く寿命の短い個体が選ばれてきたのだ。

リンドウには、最近まで別の種だと考えられていた二つの変種がある。それらの開花時期が違うことも、死亡率が異なる状況への適応という観点から説明できそうだ。変種の一つである早咲きのリンドウは、家畜が放牧されている場所の近くに生え、春に花を咲かせる。そのような条件では、リンドウはわずか一四週で一生を終えることもある。一方、秋咲きのリンドウは、草の生い茂った、動物にあまり食べられない草原に生え、二年めの秋に花をつける。これら二つの遺伝的特徴が調べられた結果、二つはよく似ており、本当は一つの種に分類されるべきだということがわかった[41]。短命で早咲きのリンドウは、秋咲きのリンドウの一つの型にすぎず、それらの生息地では放牧による外的死亡率が高いため、短命を進化させたようだ。この発見は、植物保全に対して重要な意味がある。なぜなら、早咲きのリンドウは以前、イギリス諸島に特有の種（固有種）と見なされる数少ない植物種の一つだと考えられていたからだ。イギリスの植物学者は、西洋で最も早咲きのリンドウがイギリスに生えるのだと知ってほっとするかもしれない。

人類の寿命が長いわけ

局地的な環境条件に適合するように寿命を進化させた例は、植物だけでなく動物でもたくさん見つかる。生命活動速度理論が有袋類やコウモリの代謝速度と矛盾することを示したスティーブン・オースタッドは、成体死亡率が寿命に及ぼす影響の自然な実験と解釈できる例を発見した。彼は南アメリカで働いていたとき、研究対象のオポッサムが衝撃的な速さで老化するように見えることに気づいた。オースタッドはこう述べている。「元気そうなオポッサムを捕まえた。健康な成獣だった。だが、彼らを放して三カ月後に再び捕まえたら、寄生生物にやられているわ、関節リウマチはあるわ、白内障はあるわでひどい見た目だった。ぼろぼろになりかけていた」[42]。オポッサムの急激な老化は、捕食による高い死亡率で説明できるだろうか？　オースタッドには考えがあった。それは、多くの世代にわたり捕食から守られてきたオポッサムの集団を見つけられたら、外的死亡率の低い環境で暮らす動物では老化が遅いという仮説を検証できるというものだ。そこで彼は、オポッサムが棲んでいるが大型捕食者のいない島を探した。そしてついに、求める場所が、ジョージア州の沿岸の約八キロ沖に浮かぶサペロ島にあることを見つけ出した。

サペロ島の動物にかんする以前の調査から、その島にはピューマやキツネ、ボブキャットなどの大型捕食者がいないことが確認されていた。オースタッドがまず気づいたのは、サペロ島のオポッサムが、普通とは違い、捕食者から逃げなかったことだ。アメリカ本土のオポッサムは夜行性で、必ず地下に掘った穴で眠るのに、サペロ島のオポッサムは日中に歩き回り、穴に隠れるなどという面倒なことはせずに地面で眠った。[43] 島のオポッサムは簡単に捕まえることができたので、捕獲後、標識をつけて放された。データが集まり始めると、オースタッドは大喜びした。島のオポッサムの老化速度が、比較のためにモニターした本土のオポッサムの約半分であることがわかったのだ。[44] 本土のオポッサムは繁殖が一回で、大きな子どもを産んだ。二回以上繁殖することはめったになく、そうしたとしても成功率は低かった。一方、サペロ島のオポッサムは、産む子どもは小さいものの、二回繁殖することもあり、繁殖力は落ちなかった。こうした違いは、外的死亡率に基づく仮説から予測されるとおりだった。

生き急ぎ、若くして死ぬ――そして当然、ゆっくり生き、年を取ってから死ぬ――というのは、あらゆる生物が従わなくてはならないルールのようだ。生命活動のスピードは、代謝速度とはほとんど、あるいはまったくと言っていいほど関係がないが、世代交代のペースとは大いに関係がある。世代交代のペースは、成体期にさらされる危険によって最適化される。人類は、親類の霊長類のゆったりした基準に比べても、ずいぶんのんびりした一生を送る。なぜ私たちは、そのような猶予を進化によって与えられているのだろう？　死亡率仮説を踏まえれば、それは人類の初期の祖先が、グループとしての哺乳類に特徴的な高い成体死亡率を免れる能力を持っていたからだと予想される。霊長類は樹上で生活する。そして、樹上で暮らす哺乳類はみな、寿命が長い。[45]すなわち人類は、恵まれた特性を持って出発し、祖先たちが樹上生活を捨てたときにも、その特性を伴っていったのだ。また、哺乳類では全体的に、脳の大きな種ほど長生きするというパターンも見られる。[46]したがって、人間がゆっくりと生きられるのは、回転の速い頭のおかげでもあるに違いない。人間の寿命は過去二〇〇年間で二倍に延びたが、知能は、そのような過去最大の飛躍的な延びの要因でもある。では、知能と科学技術を手にした今、私たちはティトノスを超えていつまでも若さを保てるだろうか？

第9章　不老

老化は克服できるか

きみの手がいつも忙しく動いているように
きみの足がいつも俊敏であるように
きみがしっかりした拠り所を持つように
風の流れが変わっても
きみの心がいつも喜びにあふれ
きみの歌がいつも歌われ
きみがいつまでも若々しくあるように
——ボブ・ディラン「いつまでも若く」

ボブ・ディランは、この有名な歌をわが子のために書いた。老後を思えば、若さのしなやかで汚点《きず》のない美しさは驚くほどすばらしい。親になった人には、特にそう感じられるだろう。生殖細胞系列から新しく作り出された子どもの純真無垢さほど、時間の経過をリセットする生物学的過程の威力をひしひしと感じさせるものはない。年を重ねるほど、私たちの体細胞が、青年期の生殖能力に対する報いの蓄積に苦しめられるのは何と残酷なことか。

哲学者たちは何百年も前から、いつまでも若さを保てるように不老不死の霊薬を見つけることを夢見てきた。だが誰も、老化の正体や老化が起こる理由をまったく理解しておらず、老化を克服することなど夢にも思わなかった。一方、今や私たちは、生物学的機能がどのように衰えるのかだけでなく、なぜ衰えるのかも理解している。こうした科学的知識は、新たな希望を与えてくれるだろうか？　それとも、かねてからの妄想を痛ましくも蘇らせるだけなのか？

ロバート・ハインラインによるSF『メトセラの子ら』(早川書房)では、一九世紀に生きたアイラ・ハワードという大富豪が、自分の老化が早すぎることに気づき、財産を投じて財団を創設する。財団の使命は、人間の寿命を延ばす方法を発見することだ。[1]ハワードの死後、財団はある生殖プログラムを採用する。そのプログラムでは、長寿の家系の子どもを探し出し、長寿の家系同士での結婚を奨励する。そして、その結婚によって子どもが生まれるたびに、経済的な報酬が支払われる。この奨励金制度は何世代も続き、この物語が始まる時代には、ハワード一族は自然に二〇〇年以上の寿命を持つまでになっている。ただし、彼らの見かけはいたって普通と変わらない。一族は、「短命族」、つまり通常の寿命を持つ一般住民に本当の年齢を偽ることを余儀なくされるが、ごまかすのは次第に難しくなる。その後、一族の一部の者が本当の年齢を明らかにすると、短命族は一族の並外れた長寿が、選択的な結婚と生殖を何世代も続けた結果であることを信じようとせず、ハワード一族は身勝手で秘密の霊薬を隠していると非難する。短命族は老化をなくす即効薬を求め、霊薬など存在しないということを信じることができない。

抗酸化物質は老化を遅らせる？

この状況は、長寿の科学における現在の位置づけに似ている。長寿を促す遺伝子を持つことはできる——幸運にも、そのような遺伝子を受け継いだならばの話だが。それに、遺伝子操作によって寿命を延ばせる線虫やハエやマウスがいる。進化が一部の種で寿命を延ばし、ほかの種で寿命を短縮してきたことはきわめて明白だ。私たち人間は、こうした自然選択のプロセスの恩恵を受けてきた。それは、人間がほかの霊長類より長生きすることからわかるとおりだ。経済的、社会的、医学的発展を通じて、人間の平均寿命は、過去二世紀のあいだに一時間あたりほぼ一五分の割合で延びてきた。[2] それでも私たちはこの延びに満足しておらず、不老不死の薬を求める。

健康食品店には、抗酸化物質や、老化を遅らせるとされる物質、そうほのめかされている物質を含むサプリメントが山と積まれている。デナム・ハーマン自身は一九五六年に発表した最初の論文で、酸素のフリーラジカルによるダメージは、フリーラジカルを消去する抗酸化分子を細胞に与えれば軽減できる可能性があると提唱した。ハーマンの考えは、当時は時代の先を行きすぎていたが、それから六〇年が過ぎた今はそうではなく、抗酸化物質を含むサプリメントに何十億ドルも費やされることが正当化されている。だが、ビタミンA、C、Eやβカロテンといった抗酸化サプリメントの有効性を調べる数々の臨床試験では、これまでのところ明らかな効果は示されていない。それどころか、臨床試験によって健康上のリスクが発見されたケースもある。[3]

いずれにせよ、抗酸化物質はバランスの取れた食事にはおのずと含まれているので、これらの試験から引き出される一つの結論は、自然はすでにフリーラジカルの問題にまずまず対処しているということかもしれない。おまけに今では、酸素のフリーラジカルが代謝の危険な副産物であるということだけでなく、たとえば成長や発達、免疫系において重要な役割を果たすなど、さまざまな面で役立っていることも知られている。[4] デナム・ハーマンが唱えた、酸素のフリーラジカルは損傷を与える恐れがあるという基本的な考えは正しかった。しかし今では、それがすべてだとはおよそ言えないことや、フリーラジカルによるダメージ、つまり酸化ストレスの度合いが体内で制御されていることも明らかだ。例によって、生物学的機能は、じっくり検討してみれば複雑だとわかる。

生物学的機能が複雑な理由は、一つには酸化ストレスに対処する方法がいろいろあり、各生物が異なる方法で対応しているように見えるからだ。たとえば、ある研究によれば、動物で最長寿の記録を持つとされるアイスランドガイでは、ずっと短命の二枚貝に比べて、一部の組織で生成される酸素フリーラジカルが少ないが、ほかの組織ではそうではないことが見いだされた。[5] またある研究では、アイスランドガイはホンビノスガイより酸化ストレスに強いことがわかったが、スーパーオキシドディスムターゼなどの抗酸化酵素の活性は、これらの二種で差がなかった。つまり、長寿の種は短命の種より酸化ストレスに強かったが、その理由は明らかではなかったのだ。

洞窟に棲むホライモリという小型のサンショウウオ（別名「類人魚」）は、人間の指ほどの太さしかないが一〇〇年も生きる。だが、この動物で抗酸化物質が特別に多いわけではない。[6] それに、齧歯《げっし》類のメトセラとも言えるハダカデバネズミも、酸化ストレスに対して特別な防御機構を持っていないのに、最高に健康なマウスの一〇倍も長生きする――ハダカデバネズミのDNAやタンパク質には、酸化によるダメージが多く蓄積するにもかかわらず。ハダカデバネズミはダメージを受けた細胞の増殖を防ぐことによって、大量の酸化ストレスに耐えるようだ。[7] 酸化ストレス仮説に対する最大の打撃は、マウスや線虫の抗酸化物質の量を遺伝子操作して酸化ストレスの度合いを変えても寿命には影響のないことが、実験室内の実験から示されたことだ。[8]

一見すると、この証拠は、酸化ストレスが寿命に影響を与えうるという考えを完全に失墜させそうだ。しかし、すでに見たように、実験室での実験には限界があることを忘れてはならない。線虫の延命遺伝子が見いだされた初期の遺伝学実験では、そのような遺伝子が繁殖とのトレードオフに弊害を及ぼさずに寿命を延ばしたように見えた（第2章を参照）。だがのちに、線虫をペトリ皿よりもっと自然な条件下で飼育したときには、長寿の変異体が短命の野生型にすみやかに取って代わられることが明らかになった。したがって、これらの研究結果から考えれば、高レベルの酸化ストレスが実験室内の生物の生存を妨げないというのは一つの知見だとしても、同じことが野生の状況にも当てはまるかというのは別の問題だ。

野生生物の生存に対する抗酸化物質の影響を調べるモデルとして、鳥類はとりわけ興味深い。なぜなら、カロチノイドと呼ばれるグループの抗酸化物質は、一部の種の羽毛を彩る赤やオレンジ、黄の色素のもとであり、これらの鳥類はカロチノイドを大量に必要とするからだ。カロチノイドは、卵の黄身の色素でもある。ただし、どの生物も、重要なカロチノイドを体内の生化学的経路では作り出せないので、ビタミンと同様に食物から摂取しなくてはならない。鳥類では、ほかの動物と同じく、雄のほうが雌より鮮やかな色をしている傾向がある（たとえば、クジャクの華やかな雄と地味な雌を思い浮かべればわかるだろう）。そして、雌はつがいの相手にかんする好みが非常にうるさい。とすると、カロチノイドを用いて羽毛を彩る種では、羽の鮮やかさが、どの雄が抗酸化物質で最も守られているかを表し、それが子どもの父親として最適な相手を雌が選ぶための情報となるだろうか？[9]

カロチノイドの抗酸化作用は弱い。そのため、鳥の雄がカロチノイドの色という性質を用いて、自分がつがいの相手として望ましいことをアピールしている可能性があるという仮説は、魅力的だが容易に崩壊しうる。それだけに、カオグロアメリカムシクイを対象とした試験の結果は魅力的だ。カオグロアメリカムシクイは小型のスズメ目の鳥で、夏にアメリカのほとんどの地域で見られる。雄は、喉から胸のあたりが非常に鮮やかな黄色をしている。ニューヨーク州オールバニー付近で暮らす集団の研究では、特に健康な雄において、黄色い部分がとりわけ鮮やかだとわかった。そして、そのような雄が雌から最も好まれた。[10]さらに、検証中のこの仮説にとって決定的に重要なのが、鮮やかな黄色い喉を持つ雄は、ＤＮＡへの酸化的損傷の度合いが低く、そのような個体が冬をうまく乗り切ったことだ。

ほかの野鳥集団でも、抗酸化物質のレベルが生存と関連することが見いだされている。ツバメは毎年、ヨーロッパの営巣地からサハラ砂漠を越えてアフリカ南部に渡る厳しい旅をおこない、越冬してから再び北の同じ営巣地へと忠実に戻る。イタリアで営巣するツバメの三つの集団が五年間追跡された結果、雄雌ともに血中の抗酸化物質濃度が高い個体のほうが、抗酸化物質濃度の低い個体よりかなり長生きすることが確認された。[11]また、親類にあたるアメリカのツバメにおける研究では、繁殖成功度が産卵期のカロチノイド濃度と関連することが見いだされている。[12]

老化を取るに足りないものにするための工学的戦略

老化をめぐるすべての根本的な疑問についてと同様に、G・C・ウィリアムズが一九五七年に酸化ストレスの問題についてどう考えたかを知るのは参考になる。彼が立てた予測の大多数が、正しいと判明しているからだ。ウィリアムズはこう主張した。「老化は、体の全般的な劣化に決まっている。たった一つのシステムに生じる変化が、老化の主因であるはずはない[13]」。ウィリアムズの推論は、寿命を表す列車の比喩（第8章）を蘇らせれば理解できる。それぞれの客車が、一生のなかの連続した年代を表していることを思い出そう。機関車のすぐ後ろにある客車が最も若い年代で、後ろの客車ほど年齢が上がる。私たちは以前、客車と客車をつなぐ連結器がどれも同じ確率で壊れると想定し、壊れる確率が、外部要因による死亡リスクを表すと見なした。今はその想定を取り払い、連結器の構造そのものが、壊れる確率にある程度影響するとしよう。具体的には、それぞれの連結器が、四つの環がつながった鎖でできているとする。

四つの環は、異なる生体システムを比喩的に表している。一つ一つの環が、ある年齢を超えて生き続けるのに不可欠なものだ。たとえば、一つは免疫系、二つめはガンへの抵抗性、三つめは酸化ストレスへの抵抗性、四つめは効率的なインスリンシグナル伝達経路だとしよう。鎖の強度は最も弱い環で決まるので、客車が旅を無事に乗り切るには、すべての環が持ちこたえなくてはならない。ここで、老化は、環の金属が薄くなることで表されるとしよう。若い時期の客車では、おのおの環が頑丈で強いが、高齢期の客車ほど、環の金属はますます薄くなる。というのは、私たちがすでに知っているように、高齢期の客車に乗っている子どもは次世代に少ししか寄与しないので、自然選択はそんな子どもを維持することに、ほとんど、あるいはまったく関心がないからだ。

では、整備班と一緒に線路に降りて、列車の中間あたりの連結器がどうなっているかを調べてみよう。中間部の客車は中年期を表しており、自然選択はそれらに対する関心を失いつつあるが、そんな客車にもまだ多少の使い道はある。ほら見て！　連結器を構成する四つの環の一つが、ほかの三つよりはるかに弱くなっている。ほかの数車両を調べると、その点に疑問の余地がないことがわかる。四つのうち必ず同じ環——酸化ストレスへの抵抗性——が弱くなり始めているのだ。

もし、整備班が自然選択の指示を受けているならば、どうすべきか？　当然、最も弱い環を強化して問題を解決するのが最善の策だ。これがウィリアムズの主張の要点だった。つまり、生命維持に必要なシステムのなかで、どれが最初に弱くなり始めたとしても、自然選択はそのシステムを強化するだろうということだ。酸化ストレスに対する防御機構が存在することは、ウィリアムズの主張を裏づけている。自然選択はスーパーオキシドディスムターゼやほかのメカニズムを発明して、この問題に対処した。それによって、酸化ストレスの問題は、完全に解決されたわけではないとはいえ、老化の唯一の普遍的な原因ではなくなった。重大な環のなかで決まって一番先にくたびれ始めるのがどれだろうと、それは自然選択の長期的な注意を引くのだ。しかしその後、寿命のある段階に来て自然選択が完全に力を失うと、どんなトラブルも起こりうるし、実際にはあらゆるトラブルが起こる。だから、医学事典に載っているほとんどの病気に対する最大の危険因子は、患者の年齢なのだ。要するに、危険因子は老化である。

この主張は、老化を「治す」霊薬を見つけられるかもしれないという考えに対して重要な意味を持つ。もし老化が一つの病気なら治療できるかもしれないが、老化は一つの病気ではない。老化とは、複数のシステムが全般的に機能しなくなることだ。したがって、進化の遺産を受けた私たちに許容されるのは、せいぜい列車を長くして老化を遅らせることくらいしかない。老化を撲滅することはできないのだ。最終的には、生殖細胞系列以外のすべてが老化して死ぬ。その点は、これまでに知られている長寿変異体もみな変わらない。[14]

科学者のなかには、一度に一つのシステムを修正していくことによって老化を少しずつ克服できると考える者もいる。そして彼らは、老化の克服が可能な証拠として、アイスランドガイやホライモリといった、ほとんど老化しないように見える生物を挙げる。私は個人的に、類人魚として長生きするより人間として短い一生を送るほうがいいと言いたくなるが、それは身勝手な言い草だ。いやそうだろうか？　寿命と繁殖のトレードオフは普遍的なものなので、老化が無視できるほど少ないことにデメリットがないというのは疑わしい。

老化は治せると考える楽観主義者のなかで最も支持者を集めているのが、イギリスのケンブリッジ大学に所属する異端児のオーブリー・デグレイだ。デグレイは、サイエンスライターのジョナサン・ワイナーが著した伝記風の書籍で主役として登場する。[15]デグレイは、みずからのアプローチを「老化を取るに足りないものにするための工学的戦略（SENS）」と呼ぶ。彼の目的は、年齢とともに細胞の正常な修復プロセスの効率が下がるせいで蓄積するダメージの修復方法を見つけることだ。[16]デグレイは、七種類のダメージを修復する必要があると考えている。それらのうち二つは、DNAを損傷する突然変異に起因するもので、ガンを引き起こすダメージも含まれる。そして二つは、細胞の機能が何かと不具合を起こすことだ。また別の二つは、アルツハイマー病患者の脳で見られるアミロイド斑のように、毒性の高い凝集体の蓄積が原因で起こる。七つめは、コラーゲンなどの分子が重合して劣化することによって起こる。白内障や関節の硬直は加齢に伴う病気の例で、七つめのプロセスによって引き起こされる。これら七種類のダメージには数多くのサブタイプが含まれており、一つひとつに治療法が必要かもしれない。たとえば、乳ガンにかんする最近の研究では、乳ガンが一〇個の異なる病気からなり、遺伝子プロファイル、治療への反応、死亡率がそれぞれで異なることがわかった。[17]老化を「治す」ことが可能だとしても、治療法がいくつ必要なのかはまるでわからない。

複製老化

老化をめぐる大きな課題の一つは、年老いた細胞が分裂を止めるメカニズムによって生じる。老化した細胞の一部は死ぬが、生き延びた細胞は、すべきことをしない罪と、すべきでないことをする罪を犯す。不作為の罪は、分裂できないために、組織を修復する手助けができないことであり、作為の罪は、周囲の細胞に有害な影響を与えることだ。細胞の老化によるこうした現象は、レオナルド・ヘイフリックによって一九六一年に発見された。[18] 当初、それは懐疑的に受け止められたが、のちに熱狂を巻き起こした。それが老化の明白な原因のように見えたからだ。[19] ヘイフリックは、ヒトの細胞を実験室で培養した場合、四〇～六〇回くらいは分裂させられるが、その回数を超えると、細胞が活力を失って分裂しなくなることを発見した。分裂の限界点は、発見者にちなんで「ヘイフリック限界」として知られている。細胞が分裂しなくなる原因は不明だったが、それは何にせよ、人間が健康に生きられる年数を制限する時計の刻みのようだった。

時計の正体とそれが働く仕組みは、一九七〇年代から八〇年代にだんだん解明されてきた。時計は、細胞が分裂するたびに起こるＤＮＡの複製プロセスと関連する構造だと判明した。[20] ヒトの細胞に含まれるＤＮＡ分子は、非常に薄くて長い。一個の細胞にあるＤＮＡを一直線に伸ばすと、約二メートルになる。[21] そのような分子を小さな細胞に詰め込むのは、自然のナノ工学の驚くべき離れ業だ。そして、細胞内に超らせん構造のDNAが詰め込まれたものが染色体であり、ヒトの細胞には染色体が二三対含まれている。

染色体のなかでDNAを複製するプロセスには問題がある。複製がDNA分子の末端の手前で終わってしまい、複製されていない末端が、古いセーターのほどけた袖のように残りがちなのだ。この問題は、真核生物の進化過程のごく初期に、「テロメア」というキャップを各染色体の両端にくっつける方法で解決された。テロメアの構造は、イェール大学のエリザベス・ブラックバーンたちによって発見された（ブラックバーンはその後、カリフォルニア大学バークレー校に移っている）。それにより、テロメアは六個の塩基が繰り返されたDNA配列だとわかった。テロメアは、複製のたびに染色体の端が短くなることを阻止できるわけではないが、みずからが打撃を被る形で、染色体中の遺伝子の端が短くなってしまうのを防ぐ。つまり、細胞が分裂するたびに、娘細胞の染色体の末端にあるテロメアが短くなるのだ。もちろん、テロメアは最終的にごく短くなり、その時点で細胞は分裂能力を失って「複製老化」という状態に入る。

DNAの複製の際に端が複製されないまま残ってしまう問題が、工学的課題としてあなたに提示され、それを解決できたら永遠の若さという褒美が手に入ると想像してみよう。あなたが二〇億年の進化で得られたのと同等の知識を持っていたら、解決策としてテロメアを思いつくかもしれない。あなたは胸を張って、その解決策を天国のノーベル賞委員会に提示する。すると、委員会からこんな反応が返ってくる。「ちょっと待った！　生殖細胞系列の細胞はどうするつもりですか？　テロメアが利かなくなったら、卵子や精子細胞は、ほかの細胞と同じで分裂しなくなるでしょう」。あなたに不死は与えられない！

むろん、何らかの解決法はあるに違いない。それは、一九八五年にエリザベス・ブラックバーンの研究室の大学院生だったキャロル・グライダーによって発見された。グライダーは、生殖系列細胞のテロメアを修復し、DNA複製の過程で元の長さに戻すテロメラーゼという酵素を発見した。二〇〇九年、エリザベス・ブラックバーン、キャロル・グライダー、ジャック・ショスタクの三氏は、テロメアに関連する研究の業績によってノーベル生理・医学賞を受賞した。というわけで、テロメア時計が細胞の複製回数をかぞえ、生殖系列細胞ではテロメラーゼがその時計を巻き上げた状態に保つことが、今ではわかっている。この話によって老化の原因が説明でき、寿命の限界という問題が解決できるだろうか？　一時期はその見込みが高いように思われ、「複製老化が寿命を制限する」という考えがヘイフリックらに持ちかけられているようだった。[22] ひょっとしたら、G・C・ウィリアムズは今回に限り間違ったのかもしれず、「テロメラーゼ」というラベルのついた命の霊薬が、地元の薬局に並ぶのではないだろうか。だが、それを当てにしてはならない。

じつは、問題はマウスである――この問題を推測できたのは、『銀河ヒッチハイク・ガイド』(河出書房新社)の著者ダグラス・アダムスだけかもしれないが。『銀河ヒッチハイク・ガイド』では、地球はマウス(ハツカネズミ)が設計した惑星サイズのコンピューターだと判明する。マウスが地球を造ったのは、「四二」という答えに対応する不可解な問いを見いだすためだった。さて、マウスは小説ではその取り組みに精を出すが、現実では複製老化仮説にかかわる知識を修正してくれた。マウスの細胞株は不死だが、私がこの前調べた限りでは(巻末の「付録」を参照)、マウス自身は不死ではない。マウスの細胞は、酸素と新鮮な栄養を与えられると、実験室で無限に複製することができ、ヘイフリック限界を示さない。なぜなら、マウスの体細胞にはテロメラーゼがあるうえ、テロメアの長さはヒトと比べて最長で一〇倍もあるからだ。[23] したがって、マウスの寿命を四年に制限する要因が何だろうと、それは複製老化ではありえない。では、マウスの寿命が複製老化によって制限されないならば、なぜほかの種では、複製老化によって寿命が制限されると言い切れるのか?

ということで、今挙げた仮説も、生命活動速度理論や酸化ストレス仮説のように、一見すると、なぜ生物が老化するのかという問題全体に明快で一般的な解決策を与えてくれそうなのに、さまざまな種を比較すると破綻してしまう。G・C・ウィリアムズは、墓のなかでほくそ笑んでいるに違いない。そして、彼の墓石は次のように読めるはずだ。「言わんこっちゃない」

長寿の哺乳類はテロメアが短い

しかし、燃え尽きたどの仮説の灰からも、新しい緑の芽が出てくる。今回必要なのは、なぜマウスの体細胞にはテロメラーゼがあるのに、ヒトの体細胞にはないのかという疑問への説明だ。手がかりは二つある。一つめは、すべてのガン細胞はテロメラーゼを生成すること。二つめは、ヒトの培養細胞にテロメラーゼを加えると、ヘイフリック限界がなくなり、細胞が無限に複製できることだ。[24] これらの手がかりから示唆される仮説は、ヒトの体細胞にテロメラーゼがないのは、ガンの発症リスクを下げるための適応だというものだ。第2章で取り上げたピトのパラドックスを思い起こしてみよう。マウスとヒトでは、ヒトのほうがマウスより細胞がずっと多く、一生のあいだに起こる細胞複製の回数も短命のマウスよりはるかに多いのに、ガンの発症率はあまり違わない。この事実から、大型で長寿の動物では、細胞分裂の暴走を止める優れたブレーキがあるはずだと推測できる。では、体細胞でテロメラーゼの生成のスイッチを切ることは、そのようなブレーキの一つだろうか？　それはほぼ間違いなさそうだ。

テロメラーゼ活性が一五種の齧歯《げっし》類で比較された結果、種によって活性が大きく異なること、そしてそのような差が寿命ではなく体のサイズと関連していることがわかった。[25] たとえば、トウブハイイロリスとアメリカビーバーの最大寿命はたいして違わず、それぞれ二四年と二三年だ。

しかし、ビーバーは体重がハイイロリスの四〇倍もあるのに、テロメラーゼ活性はハイイロリスの一三パーセントしかない。体が大型になるほどガンの発症リスクが高まることは、テロメラーゼ活性の低下によって相殺されているようだ。自然選択は哺乳類のさまざまな系統で、こうした修正を別々に何度もおこなってきたらしい。テロメラーゼがガン発生の大きなリスクになり、体細胞のほぼすべてでスイッチが切られる境界の体重は約一キロだ[26]。

テロメアの長さは、種によって異なる。だがその異なり方は、ある生物種の典型的な寿命がテロメアの長さで決まるという前提から予測されるとおりではない。テロメラーゼがないと、テロメアは細胞分裂のたびに短くなり、あまりにも短くなると、細胞はヘイフリック限界に到達して分裂が止まる。出発時点のテロメアが長ければ、複製老化が起こる限界に到達するまでに、細胞はより多く分裂できる。したがって、もし複製老化の始まりが寿命を制限するならば、長寿の種のほうが短命の種より長いテロメアを持っていると予想される。だが、実際には逆のパターンも見られる。テロメアの長さは、哺乳類のなかでは寿命と逆相関し、たとえばヒトのような長寿の哺乳類ではテロメアが短いのだ。これらの観察結果から、短いテロメアは、長寿の種でガンの発生を予防するさらなるブレーキとして働くために進化したということがうかがえる。言うまでもなく、このブレーキが利くのは、自然選択がすでにテロメラーゼのスイッチを切ってある種だけだろう。なぜなら、テロメラーゼは、毎度の細胞分裂でテロメアが短くなるのを防ぐからだ。

そのようなわけで、テロメアの短縮によって起こる複製老化は、結局のところ長寿の種の老化に関与しているのかもしれない。もしそうならば、老化の進化論で予測された、二重の働きをする突然変異の例と言える。複製老化は、若い時期のガンを防ぐ一方で、高齢期には不都合なメカニズムだ。短いテロメアが高齢期にペナルティを強いるという考えは、野鳥の複数の種で検証され、きわめて一貫した結果が得られている。シロハラアマツバメ、アメリカのミドリツバメ、ヨーロッパのニシコクマルガラス、オオフルマカモメでは、赤血球の染色体中のテロメアが長い個体のほうが、テロメアが短い個体より生存率が高かった。[27] そして人間では、アメリカのユタ州に住む六〇歳以上の人びとで、死亡率と白血球中のテロメアの長さに似たような関係が認められている。[28] テロメアの長い人びとと比べると、テロメアの短い人びとでは、心臓病による死亡率が三倍、感染症による死亡率は八倍以上だったのだ。

テロメアの長さと生存の関係は、直接的な場合も、間接的な場合も、両方の場合もありうる。たとえば、もしテロメアが短いために、白血球——感染と戦う役目を担っている——が細胞分裂で新しく生み出されるのが遅くなるならば、短いテロメアは感染症へのかかりやすさに直接影響する可能性がある。一方、テロメアの長さは、酸化ストレスといったほかの老化プロセスの間接的な指標でもあるだろう。テロメアの複製は、染色体におけるほかの部分の複製より酸化ストレスに影響されやすいことが知られている。酸化ストレスに弱いことが原因で、テロメアは短くなるのかもしれない。

死亡率とテロメアの長さについては、ユタ州での最初の研究結果が二〇〇三年に発表されて以来、同様の研究が何千件もおこなわれてきた。だが、二〇一一年に実施された研究が再検証された結果、確固とした結論をきちんと引き出せる研究はごく一部しかないことが判明した。[29] 検証にパスしたのは、人間の死亡率にかかわる一〇件の研究だけで、そのうち半数ではテロメアの長さと生存とのあいだに相関があったが、あとの半数にはなかった。たとえ鳥の研究で得られた証拠が有望に見えたとしても、人間ではテロメアの長さに影響を及ぼす要因があまりにも多いために、おそらくテロメアの長さは老化の有用なバイオマーカーとはならないのだろう。テロメアの長さに影響するのは、たとえば、あなたが生まれたときの両親の年齢、あなたの健康状態、喫煙、複数のビタミンの摂取、アルコールの摂取、社会経済的地位、体格指数（ＢＭＩ）、性別、人種などだ。別の研究から、高齢者のあいだでは、年の割に若々しく見える程度によって死亡率が予測できるという結果が出たことを考慮すれば、[30] テロメアの長さに、親友がコーヒーを飲みながら率直に語ってくれるのとは違う意味深長なメッセージが秘められているとは考えにくい。

テロメアの長さによって健康状態や死亡率を予測できようができまいが――それは、あなたがマウスか人間かムクドリかにかかっているのかもしれないが――、組織中に不活発な老化細胞の一群がないほうがいいのは確かだ。しかし最近になって、遺伝子をうまく操作したマウスでは、薬物で老化細胞を狙うことにより、老化細胞だけを取り除けることが示された。これらのマウスでは、老化細胞を除去すると、脂肪や筋肉、眼組織で老化プロセスが遅くなったうえ、すでに起こっていたダメージも回復された。[31] また、やはり注目すべきこととして、別の研究では、ヒトの老化細胞を刺激して細胞分裂を起こさせ、幹細胞を作り出させた。[32] 幹細胞は、テロメアの長さが維持され、しかも「肉体につきまとう数々の苦難」（訳注：『ハムレット』第三幕第一場でのハムレットの台詞）を免除された不死の細胞だ。このような研究は、オーブリー・デグレイが夢見る老化の最終的な撲滅の前触れだろうか？　まだそうではない。老化細胞を除去する薬物治療にあなたが申し込めるのは、あなたがマウスで、まだ受精卵のうちに遺伝子操作を通じてしかるべく準備を整えるという先見の明を持っている場合だけだ。老化細胞を用いて幹細胞を作り出すことは、いつの日か高齢期の組織の修復に役立つだろうが、そこまでの道のりはまだ遠い。

デグレイが掲げたＳＥＮＳの予定案はＳＦのように思えるかもしれないが、未来のことなど誰にわかろうか？　『メトセラの子ら』に登場する長寿のハワード一族は、短命族からの迫害を逃れるために宇宙船で地球を離れる。だが、別の惑星でさまざまな経験をしたのち、一族の一部は、異邦の世界にとどまるより故郷の地球に戻るほうがよいと決断する。そして、地球を旅立ってからほぼ七五年後に地球に戻った彼らは、不在中に驚異的な技術進歩が起こっており、短命族が人間の寿命を延ばすテクノロジーを発明していることを知るのだ。

最も奇妙なパラドックス

私は第1章で、あなたの足元に、人間も含めた動植物の老化と長寿にかんする現代科学の理解を表したモザイクを並べると約束した。ではこれからすべてのピースをつなぎ合わせ、それらがウエストミンスター寺院の大敷石床にあるような壮大なパターンになる様子をお見せしよう。そのパターンは、多種多様なパラドックスから浮かび上がる。老化と長寿のすべては謎として始まる。あなたは本書を初めて開いたとき、おそらく頭のどこかにこんな疑問を抱いていただろう。「なぜもっと長生きできないのか?」。人によっては、この疑問は強迫観念となっており、その人は死んだら「アルコー延命財団」で遺体を冷凍保存される。ただ、冷凍庫に入ってしまったら読書も何もないので、本書の売り上げにとっては痛手となるが。

歴史的に言えば、「なぜもっと長生きできないのか?」という問いはあべこべで、問うべきは「なぜこんなに長生きできるのか?」である。なぜなら、地球上の生命はちっぽけな短命な生物として始まり、その状況が二〇億年も続いたからだ。寿命の延びに向けた第一歩は、単細胞から細胞の連合体ができたときに踏み出された。それによって、みずからの置き換えや修復ができる多細胞生物が誕生した。ただし皮肉にも、生命は複雑かつ長寿になって初めて、みずからのはかなさについて思い煩えるようになったのだ。

次のパラドックスは、私たちを生命のぬかるみから引き上げた進化の力が、私たちをそこから元に戻す老化と死に対して無関心なこと、あるいはそれらを防げないことだ。キリスト教の葬儀で埋葬の際に唱えられる「灰は灰に、塵は塵に帰すべし」という文言には心に訴えるような対称性があるので、詩人は満足するかもしれないが、現実的な科学者は納得しないだろう。科学者は、疑問の解明に向けてよりよい方法を考え出すことができる。なぜ自然選択は、長く持ちこたえる特性をひたすら盲目的に重視する一方で、生命の危険をくぐり抜けて生き延びた生物があっさりと衰弱して死ぬのを黙認するのか？　その答えは、チャールズ・ダーウィンが自然選択を見いだしてから一〇〇年近くにわたり、科学では得られなかった。だがその後、ピーター・メダワーや少数の学者が、その答えは、個体が年を取るにつれて次世代への貢献が減少することにあると気づいた。自然選択は、年を取ると引退する。そのため、中年期以降に細胞にダメージを与えたり体のメンテナンスを妨げたりする突然変異の蓄積が許容されてきたのだ。もっとひどいことに、自然選択はそのじつ、老化を引き起こす突然変異が若いころの繁殖に有益ならば、そんな突然変異を優遇する。

自然選択が老化の破壊的損傷を黙認するというのは鉄則であり、その規則から逃れられる条件は二つしかない。どちらも自然選択というルールの例外ではなく、自然選択と折り合いをつけるものだ。一つめは、年を重ねるほど子どもを多くもうける生物が対象となる。多くの植物はもとより、一部の魚やロブスター、オオシャコガイは、年々大きく成長していくので、ますます多くの子どもを残せるようになる。それに該当する生物はみな、少なくとも一〇〇年は生きられる。植物の場合には、何千年も生きるものもある。それは、次に示す二つめの条件の恩恵も受けるからだ。

ほとんどの動物では、精子や卵子を作り出す生殖細胞は、体を構成する細胞（体細胞）とは構造的に切り離されている。生殖細胞系列と体細胞系列が分離されているおかげで、自然選択が一生の後期に体細胞のメンテナンスを放棄しても、生殖細胞系列へのダメージはない。だが、植物や群体動物では生殖細胞系列と体細胞系列が分離されていないので、そのような生物が年を取っても、自然選択は突然変異の有害な影響からそれらを保護し続ける。結果的に、植物や群体動物は大変に長生きすることができる。もっとも、そのなかでも多くの種は確かに老化するし、ごく短命の種もある。

植物は、生殖細胞系列と体細胞系列が分かれていないので、動物では老化を引き起こす突然変異の蓄積や二重に働く突然変異から守られている。それを踏まえると、植物がモノポリーの「刑務所からの釈放」カードならぬ「老化からの釈放」カードを持っているのに、それを使わず、ケシなどの一年草のようにさっさと開花して死ぬのは、恩知らずとは言わないまでも奇妙な気がする。それを説明できるのが、短命の植物の生息環境だ。もし、毎年の生存率が低く、生き延びられる確証がない条件ならば、自然選択は早期の大量繁殖を優遇し、そのあとのことは気にかけない。植物に限らず繁殖には必ずコストが伴い、極端なケースでは、そのコストが死ということもある。タイヘイヨウサケはそれをよく知っている。

外部要因による成体の死亡リスクは、自然選択が長寿と短命のどちらに有利に働くかに影響を及ぼす。飛べる動物や穴に棲む動物、毒や体の鎧によって捕食者から守られている動物が、そのような特性を持たない動物より長生きする理由は、壊れやすい連結器でつながれた客車を伴う列車の比喩によって、かなり見事に説明できる。だが、一部の種がほかの種より急速に老化する理由を細胞レベルで説明するのは、はるかに難しいと判明している。有望そうな仮説が次々と提唱されてきたが、あらゆる証拠と比較検討すると、結局のところ一般性が欠けていることがわかったのだ。ただし、老化を引き起こすたった一つの原因はないということについての進化的説明はある。要するに、自然選択は一生のある時点ですっかり力を失うので、どんなトラブルも起こりうるし、実際にはあらゆるトラブルが起こるのだ。だが、そうなるまでは、自然選択は連結器の最も弱い環を修繕し、細胞の機能がメンテナンスの不備による影響を被らないようにする。

さて、私は最も奇妙なパラドックスを最後に取っておいた。というのは、それはしばしば忘れられているが、現実的な視点からすれば最も重要なパラドックスと言っていいからだ。そのパラドックスとは、人間は老化を克服していないものの、一八四〇年からの一七〇年にわたって、平均寿命が一時間につき一五分の割合で飛躍的に延びたことだ。こうした延びの大部分は、乳児死亡率の低下によるものだが、成人の健康改善も長寿に寄与している。こうした対策によって、老化は退治こそされないものの延期されてきた。もし、老化を根本的に抑えなくても寿命が大きく延びてきたということならば、私たちはSENSなどのプログラムや高齢期の健康の増進によって、寿命をさらに延ばせる見込みがあるのかと自問しなくてはならない。

寿命は平均して、裕福な国のほうが貧しい国より長いが、富と寿命は比例関係にあるわけではない。国連開発計画のデータでは、個人所得が、アフリカの最貧国のほぼゼロから、トルコのような年間一万ドルに増えると、平均寿命が四〇年から約七〇年へと大幅に延びることが示されている。ところが年間一万ドルを超えると、さらに一万ドルずつ増えていっても平均寿命の延びはだんだん小さくなる。その理由は、さらなる延長を獲得するのがますます難しく高くつくということだけでなく、別の経済的要因も関与してくるからだ。それは、同じ集団内の人びとの所得格差である。[33]

アメリカでは、最も裕福な層と最も貧しい層との所得格差が五〇の州で異なり、平均寿命は所得格差が小さい州のほうが長い傾向がある。そして、同様の傾向がさまざまな国で認められる。日本では富裕層と貧困層の所得格差が最も小さく、平均寿命が最も長い。スウェーデンは所得格差と寿命の両方において日本にわずかに及ばず、ポルトガルやアメリカ、シンガポールは、先進国のなかで所得格差が最も大きく平均寿命が最も短い。特筆すべきなのは、こうした傾向が、富の金額そのものとは無関係なことだ。ポルトガルの一人あたりの所得はアメリカの半分だが、富裕層と貧困層の格差は両国ともに最も大きく、同じように平均寿命が短い原因となっている。[34]

なぜ先進国で所得格差が寿命に影響を及ぼすのかというのは複雑な問題で、政治的、経済的、社会心理学的、生物学的な要因が絡んでいる。ただ、この思いがけない知見に朗報があるとすれば、あなたが生物学者にならなくても何らかの手を打てるということだ。読者のみなさん、以上が寿命と老化についての要点である。

注

◉第 1 章　死と不死

1. E. Dickinson, *The Complete Poems of Emily Dickinson*, ed. T. H. Johnson (Little Brown, 1960), 9. 邦訳は『エミリ・ディキンソンの詩』(佐藤健一訳、栗林書房）がある。
2. R. Foster, *Patterns of Thought: The Hidden Meaning of the Great Pavement of Westminster Abbey* (Jonathan Cape, 1991), 3.
3. R. Jenkyns, *Westminster Abbey,* Wonders of the World (Profile, 2006), 216.
4. S. Pepys, *The Diary of Samuel Pepys* (vol. 3, p. 357, February 23, 1669), ed. J. Warrington (Dent Dutton, 1953), 521. サミュエル・ピープス『サミュエル・ピープスの日記』(第十巻)（海保眞夫訳、国文社)。
5. W. Irving, *The Sketch Book of Geoffrey Crayon, Gent.* (New American Library, 1961), 177–78. アーヴィング『スケッチ・ブック』(齊藤昇訳、岩波書店など)。
6. T. Trowles, *Westminster Abbey Official Guide* (Dean and Chapter of Westminster, 2005); C. Y. Ferdinand and D. F. McKenzie, "Congreve, William (1670–1729)," *Oxford Dictionary of National Biography*, ed. L. Goldman et al. (Oxford University Press, 2004), doi:10.1093/ref:odnb/6069.
7. Jenkyns, *Westminster Abbey*, 169.
8. J. Holt, *Stop Me if You've Heard This: A History and Philosophy of Jokes* (Profile Books, 2008), 62-63.
9. R. Keynes, *Annie's Box* (Fourth Estate, 2001).
10. C. Darwin, *The Origin of Species by Means of Natural Selection*, 1st ed. (1859; reprint, Penguin, 1968). チャールズ・ダーウィン『種の起源』(渡辺政隆訳、光文社など)。
11. *Wikipedia*, s.v. "List of tuberculosis cases," accessed March 26, 2011, http://en.wikipedia.org/wiki/List_of_tuberculosis_cases.
12. M. Moller, E. de Wit, and E. G. Hoal, "Past, present and future directions in human genetic susceptibility to tuberculosis," *FEMS Immunology & Medical Microbiology* 58 (2010): 3-26.
13. F. O. Vannberg, S. J. Chapman, and A. V. S. Hill, "Human genetic susceptibility to intracellular pathogens," *Immunological Reviews* 240 (2011): 105-16.
14. *Wikipedia*, s.v. "List of women who died in childbirth: United Kingdom, accessed March 26, 2011, http://en.wikipedia.org/wiki/List_of_women_who_died_in_childbirth#United_Kingdom.
15. G. Morelli et al., "Microevolution of *Helicobacter pylori* during prolonged infection of single hosts and within families," *PLoS Genetics* 6 (2010), doi:10.1371/journal.pgen.1001036.

16. M. Eppinger et al., “Who ate whom? Adaptive *Helicobacter* genomic changes that accompanied a host jump from early humans to large felines,” *PLoS Genetics* 2 (2006): e120.

◉第２章　寿命

1. J. Clare, *Poems Chiefly from Manuscript*, ed. E. Blunden and A. Porter (Cobden-Sanderson, 1920).
2. R. K. Grosberg and R. R. Strathmann, “The evolution of multicellularity: A minor major transition?,” *Annual Review of Ecology, Evolution, and Systematics* 38 (2007): 621–54, doi:10.1146/annurev.ecolsys.36.102403.114735.
3. M. Wilson, *Bacteriology of Humans: An Ecological Perspective* (Blackwell, 2008).
4. W. Whitman, *Leaves of Grass* (Airmont Publishing, 1965), 79, sect. 51. ウォルト・ホイットマン『草の葉』(富山英俊訳、みすず書房など)。
5. D. Chivian et al., “Environmental genomics reveals a single-species ecosystem deep within Earth,” *Science* 322, no. 5899 (2008): 275-78, doi:10.1126/science.1155495.
6. F. Bäckhed et al., “Host-bacterial mutualism in the human intestine,” *Science* 307, no. 5717 (2005): 1915-20, doi:10.1126/science.1104816.
7. H. N. Schulz et al., “Dense populations of a giant sulfur bacterium in Namibian shelf sediments,” *Science* 284, no. 5413 (1999): 493-95, doi:10.1126/science.284.5413.493.
8. M. D. Vincent, “The animal within: Carcinogenesis and the clonal evolution of cancer cells are speciation events *sensu stricto*,” *Evolution* 64, no. 4 (2010): 1173-83, doi:10.1111/j.1558-5646.2009.00942.x.
9. R. Skloot, *The Immortal Life of Henrietta Lacks* (Macmillan, 2010). レベッカ・スクルート『不死細胞ヒーラ：ヘンリエッタ・ラックスの永遠なる人生』(中里京子訳、講談社)
10. A. M. Leroi et al., “Cancer selection,” *Nature Reviews Cancer 3*, no. 3 (2003): 226-31.
11. A. M. Pearse and K. Swift, “Allograft theory: Transmission of devil facial-tumour disease,” *Nature* 439, no. 7076 (2006): 549.
12. C. E. Hawkins et al., “Emerging disease and population decline of an island endemic, the Tasmanian devil *Sarcophilus harrisii*,” *Biological Conservation* 131, no. 2 (2006): 307-24.
13. S. A. Frank and M. A. Nowak, “Problems of somatic mutation and cancer,” *Bioessays* 26, no. 3 (2004): 291-99, doi:10.1002/bies.20000.
14. A. F. Caulin and C. C. Maley, “Peto’s Paradox: Evolution’s prescription for cancer prevention,” *Trends in Ecology & Evolution* 26,

no. 4 (2011): 175-82.
15. R. Peto et al., "Cancer and ageing in mice and men," *British Journal of Cancer* 32, no. 4 (1975): 411-26.
16. J. D. Nagy et al., "Why don't all whales have cancer? A novel hypothesis resolving Peto's paradox," *Integrative and Comparative Biology* 47, no. 2 (2007): 317-28, doi:10.1093/icb/icm062.
17. S. N. Austad, "Methusaleh's zoo: How nature provides us with clues for extending human health span," *Journal of Comparative Pathology* 142 (2010): S10–S21.
18. A. Budovsky et al., "Common gene signature of cancer and longevity," *Mechanisms of Ageing and Development* 130, no. 1-2 (2009): 33-39, doi:10.1016/j.mad.2008.04.002; R. Tacutu et al., "Molecular links between cellular senescence, longevity and age-related diseases: A systems biology perspective," *Aging* 3, no. 12 (2011): 1178-91.
19. I. D. Ridgway et al., "Maximum shell size, growth rate, and maturation age correlate with longevity in bivalve molluscs," *Journals of Gerontology, Series A, Biological Sciences and Medical Sciences* 66, no. 2 (2011): 183-90, doi:10.1093/gerona/glq172.
20. W. Watson and H. J. Walker, "The world's smallest vertebrate, *Schindleria brevipinguis*, a new paedomorphic species in the family Schindleriidae (Perciformes: Gobioidei)," *Records of the Australian Museum* 56, no. 2 (2004): 139-42.
21. J. P. de Magalhães et al., "An analysis of the relationship between metabolism, developmental schedules, and longevity using phylogenetic independent contrasts," *Journals of Gerontology, Series A, Biological Sciences and Medical Sciences* 62, no. 2 (2007): 149-60.
22. J. P. de Magalhães and J. Costa, "A data-base of vertebrate longevity records and their relation to other life-history traits," *Journal of Evolutionary Biology* 22, no. 8 (2009): 1770-74, doi:10.1111/j.1420-9101.2009.01783.x.
23. R. Buffenstein, "The naked mole-rat: A new long-living model for human aging research," *Journals of Gerontology, Series A, Biological Sciences and Medical Sciences* 60, no. 11 (2005): 1369-77.
24. J. P. de Magalhães et al., "An analysis of the relationship between metabolism, developmental schedules, and longevity using phylogenetic independent contrasts," *Journals of Gerontology, Series A, Biological Sciences and Medical Sciences* 62, no. 2 (2007): 149-60.
25. D. E. Wasser and P. W. Sherman, "Avian longevities and their interpretation under evolutionary theories of senescence," *Journal of Zoology* 280, no. 2 (2010): 103-55, doi:10.1111/j.1469-7998.2009.00671.x.

(3) 注

26. A. Seed and R. Byrne, "Animal tool-use," *Current Biology* 20, no. 23 (2010): R1032–R1039, doi:10.1016/j.cub.2010.09.042.
27. Austad, "Methusaleh's zoo."
28. K. Thomas, "Parr, Thomas (d. 1635), supposed centenarian," *Oxford Dictionary of National Biography*, ed. L. Goldman et al. (Oxford University Press, 2004), doi:10.1093/ref:odnb/21403.
29. J. Taylor, *The Old, Old, Very Old Man*, 1635, accessed December 27, 2010, http://www.archive.org/details/oldoldveryoldman00tayliala.
30. D. B. Haycock, *Mortal Coil: A Short History of Living Longer* (Yale University Press, 2008).
31. Haycock, *Mortal Coil*, 23.
32. Dr. Seuss, *You Are Only Old Once: A Book for Obsolete Children* (Random House, 1986).
33. G. Halsell, *Los Viejos: Secrets of Long Life from the Sacred Valley* (Rodale Press, 1976).
34. R. B. Mazess and S. H. Forman, "Longevity and age exaggeration in Vilcabamba," *Journal of Gerontology* 34 (1979): 94-98.
35. R. B. Mazess and R. W. Mathisen, "Lack of unusual longevity in Vilcabamba, Ecuador," *Human Biology* 54, no. 3 (1982): 517-24.
36. R. D. Young et al., "Typologies of extreme longevity myths," *Current Gerontology and Geriatrics Research* (2011), doi:10.1155/2010/423087.
37. B. Jeune et al., "Jeanne Calment and her successors: Biographical notes on the longest living humans," in *Supercentenarians*, ed. H. Maier et al., Demographic Research Monographs (Springer, 2010).
38. "Dan Buettner," Field Notes, *National Geographic*, accessed May 2, 2011, http://ngm.nationalgeographic.com/2005/11/longevity-secrets/buettner-field-notes.
39. Y. Voituron et al., "Extreme lifespan of the human fish (*Proteus anguinus*): A challenge for ageing mechanisms," *Biology Letters* 7, no. 1 (2011): 105-7, doi:10.1098/rsbl.2010.0539.

◉第３章　老化

1. Alfred, Lord Tennyson, "Tithonus" (1860), in *Poems of Tennyson* (Oxford University Press, 1918), 616.
2. R. Graves, *Greek Myths* (Penguin, 1957).
3. O. Nash, *The Pocket Book of Ogden Nash* (Simon & Schuster, 1962).
4. WHOのデータより（accessed April 8, 2012）。http://apps.who.int/gho/data/.
5. L. Hayflick, *How and Why We Age* (Ballantine, 1994), 53. レオナード・ヘイフリック『人はなぜ老いるのか：老化の生物学』（今西二郎・穂北久美子訳、三田出版会）
6. R. H. Tawney, *Religion and the Rise of Capitalism* (Penguin, 1926). リ

チャード・ヘンリー・トーニイ『キリスト教と資本主義の興隆：その史的研究』（阿部行蔵訳、河出書房新社）
7. “The Annuity,” by George Outram, in *Verse and Worse*, ed. A. Silcock (Faber & Faber, 1958).
8. C. Mitchell and C. Mitchell, “Wordsworth and the old men,” *Journal of Legal History* 25, no. 1 (2004): 31-52.
9. W. Wordsworth, “Michael: A Pastoral Poem” (1800), lines 40-47, in *The Poetical Works of Wordsworth*, ed. T. Hutchinson (Oxford University Press, 1932).
10. D. P. Miller, “Gompertz, Benjamin (1779-1865),” *Oxford Dictionary of National Biography*, ed. L. Goldman et al. (Oxford University Press, 2004).
11. C. E. Finch, *Longevity, Senescence and the Genome* (University of Chicago Press, 1990), 23.
12. 過去200年間の変化については、以下のサイトで説得力のある画像を見ることができる。アクセスは、www.gapminder.org (accessed July 10, 2011) の次のアドレスから。www.bit.ly/cVMWJ4.
13. J. Oeppen and J. W. Vaupel, “Demography: Broken limits to life expectancy,” *Science* 296, no. 5570 (2002): 1029-31.
14. WolframAlpha, accessed July 9, 2011, http://www.wolframalpha.com. 各国の最新の統計データは、WolframAlpha.com の検索エンジンに「アメリカの女性の平均寿命（life expectancy female USA）」などの検索語を入力すれば調べられる。
15. Oeppen and Vaupel, “Demography.”
16. WolframAlpha, accessed July 9, 2011, http://www.wolframalpha.com.
17. K. Christensen et al., “Ageing populations: The challenges ahead,” *Lancet* 374, no. 9696 (2009): 1196-208.
18. WolframAlpha, accessed July 10, 2011, http://www.wolframalpha.com/input/?i=male+life+expectancy+russia.
19. Finch, *Longevity, Senescence and the Genome*, 122.
20. Oeppen and Vaupel, “Demography.”
21. Christensen et al., “Ageing populations.”
22. H. Reed, “Chard Whitlow,” *Statesman & Nation* 21, no. 533 (1941): 494.
23. K. Christensen et al., “Exceptional longevity does not result in excessive levels of disability,” *Proceedings of the National Academy of Sciences of the United States of America* 105, no. 36 (2008): 13274-79, doi:10.1073/pnas.0804931105.
24. Christensen et al., “Ageing populations.”
25. C. Selman and D. J. Withers, “Mammalian models of extended healthy life span,” *Philosophical Transactions of the Royal Society B:*

Biological Sciences 366, no. 1561 (2011): 99-107, doi:10.1098/rstb.2010.0243.
26. J. Gampe, "Human mortality beyond age 110," in *Supercentenarians*, ed. H. Maier et al., Demographic Research Monographs (Springer, 2010).
27. J. Hendrichs et al., "Medfly area wide sterile insect technique programmes for prevention, suppression or eradication: The importance of mating behavior studies," *Florida Entomologist* 85, no. 1 (2002): 1-13.
28. J. R. Carey, Longevity: *The Biology and Demography of Life Span* (Princeton University Press, 2003).
29. S. N. Austad, "Why women live longer than men: Sex differences in longevity," *Gender Medicine* 3, no. 2 (2006): 79-92.
30. J. W. Vaupel and A. I. Yashin, "Heterogeneity's ruses: Some surprising effects of selection on population dynamics," *American Statistician* 39, no. 3 (1985): 176-85.
31. W. Shakespeare, *As You Like It*, act 2, scene 7, in *Complete works of William Shakespeare*, RSC edition (Macmillan, 2006).『シェークスピア全集III』(小田島雄志訳、白水社) 所収の『お気に召すまま』。
32. J. W. Vaupel, "Biodemography of human ageing," *Nature* 464, no. 7288 (2010): 536-42, doi:10.1038/nature08984.

◉第４章　遺伝子

1. O. W. Holmes Sr., *Over the Teacups*, 1889, Kindle edition.
2. C. E. Finch and R. E. Tanzi, "Genetics of aging," *Science* 278, no. 5337 (1997): 407-11, doi:10.1126/science.278.5337.407.
3. D. Munch et al., "Ageing in a eusocial insect: Molecular and physiological characteristics of life span plasticity in the honey bee," *Functional Ecology* 22, no. 3 (2008): 407-21, doi:10.1111/j.1365-2435.2008.01419.x.
4. Finch and Tanzi, "Genetics of aging."
5. J. V. Hjelmborg et al., "Genetic influence on human life span and longevity," *Human Genetics* 119, no. 3 (2006): 312-21, doi:10.1007/s00439-006-0144-y.
6. R. G. J. Westendorp et al., "Nonagenarian siblings and their off spring display lower risk of mortality and morbidity than sporadic nonagenarians: The Leiden Longevity Study," *Journal of the American Geriatrics Society* 57, no. 9 (2009): 1634-37, doi:10.1111/j.1532-5415.2009.02381.x.
7. M. Schoenmaker et al., "Evidence of genetic enrichment for exceptional survival using a family approach: The Leiden Longevity Study," *European Journal of Human Genetics* 14, no. 1 (2005): 79-84.

8. Westendorp et al., "Nonagenarian siblings.
9. WormBook: The Online Review of *C. elegans* Biology, accessed July 24, 2011, http://www.wormbook.org/chapters/www_ecolCaenorhabditis/ecolCaenorhabditis.html.
10. *The Worm Breeder's Gazette*, accessed December 21, 2012, http://www.wormbook.org/wbg/.
11. W. A. Van Voorhies et al., "The longevity of *Caenorhabditis elegans* in soil," *Biology Letters* 1, no. 2 (2005): 247-49, doi:10.1098/rsbl.2004.0278.
12. D. B. Friedman and T. E. Johnson, "3 mutants that extend both mean and maximum life-span of the nematode, *Caenorhabditis elegans*, define the *age-1* gene," *Journals of Gerontology, Biological Sciences* 43, no. 4 (1988): B102–B109; D. B. Friedman and T. E. Johnson, "A mutation in the *age-1* gene in *Caenorhabditis elegans* lengthens life and reduces hermaphrodite fertility," *Genetics* 118, no. 1 (1988): 75-86.
13. T. E. Johnson, "Increased life-span of age-1 mutants in *Caenorhabditis elegans* and lower Gompertz rate of aging," *Science* 249, no. 4971 (1990): 908-12, doi:10.1126/science.2392681.
14. C. Kenyon, "The first long-lived mutants: Discovery of the insulin/IGF-1 pathway for ageing," *Philosophical Transactions of the Royal Society B: Biological Sciences* 366, no. 1561 (2011): 9-16, doi:10.1098/rstb.2010.0276.
15. Mutation in the daf-2 gene: C. Kenyon et al., "A *C. elegans* mutant that lives twice as long as wild-type," *Nature* 366, no. 6454 (1993): 461-64, doi:10.1038/366461a0.
16. K. D. Kimura et al., "daf-2, an insulin receptor-like gene that regulates longevity and diapause in *Caenorhabditis elegans*," *Science* 277, no. 5328 (1997): 942-46, doi:10.1126/science.277.5328.942.
17. M. Tatar et al., "The endocrine regulation of aging by insulin-like signals," *Science* 299, no. 5611 (2003): 1346-51.
18. Kimura et al., "daf-2."
19. J. Apfeld and C. Kenyon, "Regulation of life span by sensory perception in *Caenorhabditis elegans*," *Nature* 402, no. 6763 (1999): 804-9.
20. A. Taguchi and M. F. White, "Insulin-like signaling, nutrient homeostasis, and life span," *Annual Review of Physiology* 70, no. 1 (2008): 191-212, doi:10.1146/annurev.physiol.70.113006.100533.
21. E. Cohen and A. Dillin, "The insulin paradox: Aging, proteotoxicity and neurodegeneration," *Nature Reviews Neuroscience* 9, no. 10 (2008): 759-67, doi:10.1038/nrn2474.
22. Y. Suh et al., "Functionally significant insulin-like growth factor I receptor mutations in centenarians," *Proceedings of the National*

Academy of Sciences of the United States of America 105, no. 9 (2008): 3438-42, doi:10.1073/pnas.0705467105; Taguchi and White, "Insulin-like signaling."
23. M. N. Hall, "mTOR—What does it do?," *Transplantation Proceedings* 40 (2008): S5–S8, doi:10.1016/j.transproceed.2008.10.009.
24. D. E. Harrison et al., "Rapamycin fed late in life extends life span in genetically heterogeneous mice," *Nature* 460, no. 7253 (2009): 392-95.
25. J. P. de Magalhães et al., "Genome-environment interactions that modulate aging: Powerful targets for drug discovery," *Pharmacological Reviews* 64, no. 1 (2012): 88-101, doi:10.1124/pr.110.004499.
26. K. Cao et al., "Rapamycin reverses cellular phenotypes and enhances mutant protein clearance in Hutchinson-Gilford progeria syndrome cells," *Science Translational Medicine* 3, no. 89 (2011), doi:89ra5810.1126/scitranslmed.3002346.
27. C. R. Burtner and B. K. Kennedy, "Progeria syndromes and ageing: What is the connection?," *Nature Reviews Molecular Cell Biology* 11, no. 8 (2010): 567-78, doi:10.1038/nrm2944.
28. G. J. McKay et al., "Variations in apolipoprotein E frequency with age in a pooled analysis of a large group of older people," *American Journal of Epidemiology* 173, no. 12 (2011): 1357-64, doi:10.1093/aje/kwr015.
29. A. M. Kulminski et al., "Trade-off in the effects of the apolipoprotein E polymorphism on the ages at onset of CVD and cancer influences human life span," *Aging Cell* 10, no. 3 (2011): 533-41, doi:10.1111/j.1474-9726.2011.00689.x.
30. A. Cornaro, *Discourses on the Sober Life [Discorsi de la vita sobria]* (Thomas Y. Crowell, 1916), http://www.archive.org/details/discoursesonsobe00cornrich.
31. G. Crister, *Eternity Soup: Inside the Quest to End Aging* (Harmony Books, 2010).
32. Crister, *Eternity Soup*.
33. Crister, *Eternity Soup*.
34. Woody Allen, quoted in J. Lloyd and J. Mitchinson, *Advanced Banter: The QI Book of Quotations* (Faber & Faber, 2008), 8.
35. S. N. Austad, "Ageing: Mixed results for dieting monkeys," *Nature* vol. advance online publication (2012), doi:10.1038/nature11484.
36. Taguchi and White, "Insulin-like signaling"; L. Partridge et al., "Ageing in *Drosophila*: The role of the insulin/Igf and TOR signalling network," *Experimental Gerontology* 46, no. 5 (2011): 376-81, doi:10.1016/j.exger.2010.09.003; J. J. McElwee et al., "Evolutionary conservation of regulated longevity assurance mechanisms," *Genome*

Biology 8, no. 7 (2007), doi:R13210.1186/gb-2007-8-7-r132.

◉第5章　植物

1. Dylan Thomas, *Collected Poems 1934-1952*, ed. W. Davies and R. Maud (Dent, 1994), 183. 邦訳は『ディラン・トマス全詩集』(松田幸雄訳、青土社) など。
2. R. M. Lanner, *The Bristlecone Book: A Natural History of the World's Oldest Trees* (Mountain Press, 2007).
3. D. W. Larson, "The paradox of great longevity in a short-lived tree species," *Experimental Gerontology* 36, no. 4-6 (2001): 651-73.
4. E. B. Roark et al., "Extreme longevity in proteinaceous deep-sea corals," *Proceedings of the National Academy of Sciences of the United States of America* 106, no. 13 (2009): 5204-8, doi:10.1073/pnas.0810875106.
5. M. Gurven and H. Kaplan, "Longevity among hunter-gatherers: A cross-cultural examination," *Population and Development Review* 33, no. 2 (2007): 321-65, doi:10.1111/j.1728-4457.2007.00171.x.
6. R. M. Lanner and K. F. Connor, "Does bristlecone pine senesce?," *Experimental Gerontology 36*, no. 4-6 (2001): 675-85.
7. M. W. Salzer et al., "Recent unprecedented tree-ring growth in bristlecone pine at the highest elevations and possible causes," *Proceedings of the National Academy of Sciences of the United States of America* 106, no. 48 (2009): 20348-53, doi:10.1073/pnas.0903029106.
8. A. Farjon, *A Natural History of Conifers* (Timber Press, 2008).
9. C. Tudge, *The Secret Life of Trees* (Allen Lane, 2005), 30.
10. D. M. A. Rozendaal and P. A. Zuidema, "Dendroecology in the tropics: A review," *Trees—Structure and Function* 25, no. 1 (2011): 3-16, doi:10.1007/s00468-010-0480-3.
11. J. Q. Chambers et al., "Ancient trees in Amazonia," *Nature* 391, no. 6663 (1998): 135-36, doi:10.1038/34325.
12. M. Martinez-Ramos and E. R. Alvarez-Buylla, "How old are tropical rain forest trees?," *Trends in Plant Science* 3, no. 10 (1998): 400-405, doi:10.1016/s1360-1385(98)01313-2.
13. W. F. Laurance et al., "Inferred longevity of Amazonian rainforest trees based on a long-term demographic study," *Forest Ecology and Management* 190, no. 2-3 (2004): 131-43; R. Condit et al., "Mortality-rates of 205 Neotropical tree and shrub species and the impact of a severe drought," *Ecological Monographs* 65 (1995): 419-39.
14. S. Vieira et al., "Slow growth rates of Amazonian trees: Consequences for carbon cycling," *Proceedings of the National Academy of Sciences of the United States of America* 102, no. 51 (2005): 18502-7,

doi:10.1073/pnas.0505966102.
15. J. Silvertown et al., "Evolution of senescence in iteroparous perennial plants," *Evolutionary Ecology Research* 3 (2001): 1-20.
16. J. Silvertown, *Demons in Eden: The Paradox of Plant Diversity* (University of Chicago Press, 2005).
17. M. Mencuccini et al., "Evidence for age-and size-mediated controls of tree growth from grafting studies," *Tree Physiology* 27, no. 3 (2007): 463-73.
18. J. Joyce, *A Portrait of the Artist as a Young Man* (Penguin 1965), chap. 1. ジョイス・ジェイムズ『若い藝術家の肖像』(丸谷才一訳、集英社など)。
19. J. H. Doonan and R. Sablowski, "Walls around tumours—why plants do not develop cancer," *Nature Reviews Cancer* 10, no. 11 (2010): 793-802, doi:10.1038/nrc2942.
20. N. Kingsbury, *Hybrid: The History and Science of Plant Breeding* (University of Chicago Press, 2009).
21. E. J. Klekowski Jr., *Mutation, Developmental Selection, and Plant Evolution* (Columbia University Press, 1988).
22. R. Foster, *Patterns of Thought: The Hidden Meaning of the Great Pavement of Westminster Abbey* (Jonathan Cape, 1991): 101.
23. William Wordsworth, "Yew Trees," in *Wordsworth's Poetical Works*, Oxford Edition (Oxford University Press, 1932), 84.
24. "'Yew Trees' by William Wordsworth," Visit Cumbria, accessed September 12, 2012, http://www.visitcumbria.com/cm/lorton-yew-trees htm.
25. J. Chave et al., "Towards a worldwide wood economics spectrum," *Ecology Letters* 12, no. 4 (2009): 351-66, doi:10.1111/j.1461-0248.2009.01285.x.
26. C. Loehle, "Tree life histories: The role of defences," *Canadian Journal of Forest Research* 18 (1988): 209-22.
27. M. A. Blanco and P. W. Sherman, "Maximum longevities of chemically protected and non-protected fishes, reptiles, and amphibians support evolutionary hypotheses of aging," *Mechanisms of Ageing and Development* 126, no. 6-7 (2005): 794-803, doi:10.1016/j.mad.2005.02.006.
28. S. E. Johnson and M. D. Abrams, "Age class, longevity and growth rate relationships: Protracted growth increases in old trees in the eastern United States," *Tree Physiology* 29, no. 11 (2009): 1317–28, doi:10.1093/treephys/tpp068; B. A. Black et al., "Relationships between radial growth rates and life span within North American tree species," *Ecoscience* 15, no. 3 (2008): 349-57, doi:10.2980/15-3-3149; C. Bigler and T. T. Veblen, "Increased early growth rates decrease longevities of conifers in subalpine forests," *Oikos* 118, no.

8 (2009): 1130-38, doi:10.1111/j.1600-0706.2009.17592.x.
29. K. E. Rose et al., "The costs and benefi ts of fast living," *Ecology Letters* 12, no. 12 (2009): 1379-84, doi:10.1111/j.1461-0248.2009.01394.x.
30. W. A. Van Voorhies et al., "The longevity of *Caenorhabditis elegans* in soil," *Biology Letters* 1, no. 2 (2005): 247-49, doi:10.1098/rsbl.2004.0278; D. W. Walker et al., "Natural selection: Evolution of life span in *C. elegans*," *Nature* 405, no. 6784 (2000): 296-97.
31. D. A. Roach, "Environmental effects on age-dependent mortality: A test with a perennial plant species under natural and protected conditions," *Experimental Gerontology* 36, no. 4-6 (2001): 687-94.
32. "*Afrocarpus falcatus*," *Gymnosperm Database*, ed. C. J. Earle, accessed December 21, 2012, http://www.conifers.org/po/Afrocarpus_falcatus.php.
33. F. C. Vasek, "Creosote bush: Long-lived clones in the Mohave desert," *American Journal of Botany* 67 (1980): 246-55.
34. S. Arnaud-Haond et al., "Implications of extreme life span in clonal organisms: Millenary clones in meadows of the threatened seagrass *Posidonia oceanica*," *PLoS One* 7, no. 2 (2012): e30454.
35. E. Clarke, "Plant individuality: A solution to the demographer's dilemma," *Biological Philosophy* (2012), doi:10.1007/s10539-012-9309-3.
36. E. Oinonen, "The correlation between the size of Finnish bracken (*Pteridium aquilinum* (L.) Kuhn) clones and certain periods of site history," *Acta Forestalia Fennica* 83 (1967): 1-51.
37. D. Ally et al., "Aging in a long-lived clonal tree," *PLoS Biology* 8, no. 8 (2010), doi:e100045410.1371/journal.pbio.1000454.
38. S. Jones, Y: *The Descent of Men* (Little Brown, 2002), 74.
39. M. C. Albani and G. Coupland, "Comparative analysis of flowering in annual and perennial plants," in "Plant development," ed. M. C. P. Timmermans, *Current Topics in Developmental Biology* 91 (2010): 323-48; doi:10.1016/S0070-2153(10)91011-9; R. Amasino, "Floral induction and monocarpic versus polycarpic life histories," *Genome Biology* 10, no. 7 (2009), doi:22810.1186/gb-2009-10-7-228; S. Melzer et al., "Flowering-time genes modulate meristem determinacy and growth form in *Arabidopsis thaliana*," *Nature Genetics* 40, no. 12 (2008): 1489-92, doi:10.1038/ng.253; J. Silvertown, "A binary classifi cation of plant life histories and some possibilities for its evolutionary application," *Evolutionary Trends in Plants* 3 (1989): 87-90; H. Thomas et al., "Annuality, perenniality and cell death," *Journal of Experimental Botany* 51, no. 352 (2000): 1781-88.

◉第 6 章　自然選択

(11)　注

1. Steve Knightly, "Evolution," on *Arrogance, Ignorance and Greed* (2009), by Show of Hands, Hands on Music, HMCD 29.
2. T. R. Cole and M. G. Winkler, eds., *The Oxford Book of Aging* (Oxford University Press, 1994), 259.
3. First verse of poem no. 976, in E. Dickinson, *The Complete Poems of Emily Dickinson*, ed. T. H. Johnson (Little Brown, 1960), 456. 邦訳は『エミリ・ディキンソンの詩』(佐藤健一訳、栗林書房) がある。
4. *Poems of John Donne*, ed. E. K. Chambers (Lawrence & Bullen, 1896), Kindle edition. 邦訳は『ダン抒情詩選』(松浦嘉一訳、新月社) がある。
5. W. Davies and R. Maud, eds., *Dylan Thomas Collected Poems 1934-1953* (Dent, 1994) (poem, 56; commentary, 208-9). 邦訳は『ディラン・トマス全詩集』(松田幸雄訳、青土社) がある。
6. From Seneca's "Troades," trans. John Wilmot, Earl of Rochester (1647-1680), in J. Wilmot, *The Works of the Earl of Rochester* (Wordsworth Editions, 1995). 邦訳は『セネカ悲劇集』(小川正廣・他訳、京都大学学術出版会) に所収の『トロイアの女たち』がある。
7. A. Weismann, *Essays upon Heredity and Kindred Biological Problems* (Clarendon Press, 1891).
8. P. B. Medawar, *The Uniqueness of the Individual* (Methuen, 1957); P. B. Medawar, "Old age and natural death," *Modern Quarterly*, vol. 2 (1946): 30-56.
9. F. Drenos and T. B. L. Kirkwood, "Selection on alleles affecting human longevity and late-life disease: The example of apolipoprotein E," *PLoS One* 5, no. 3 (2010), doi:e1002210.1371/journal.pone.0010022.
10. C. E. Finch, *The Biology of Human Longevity* (Academic Press, 2007).
11. E. Corona et al., "Extreme evolutionary disparities seen in positive selection across seven complex diseases," *PLoS One* 5, no. 8 (2010), doi:e1223610.1371/journal.pone.0012236.
12. J. Diamond, *Guns, Germs and Steel* (Chatto & Windus, 1997). ジャレド・ダイアモンド『銃・病原菌・鉄』(骨彰訳、草思社)
13. G. C. Williams, "Pleiotropy, natural selection, and the evolution of senescence," *Evolution* 11 (1957): 398-411.
14. Devendra Uppal, "Childless for 50 yrs, mother at 70," *Hindustan Times*, December 8, 2008, http://www.hindustantimes.com/News-Feed/haryana/Childless-for-50-yrs-mother-at-70/Article1-356574.aspx.
15. D. E. L. Promislow, "Longevity and the barren aristocrat," *Nature* 396, no. 6713 (1998): 719-20.
16. D. P. Shanley et al., "Testing evolutionary theories of menopause," *Proceedings of the Royal Society of London, Series B: Biological Sciences* 274, no. 1628 (2007): 2943-49, doi:10.1098/rspb.2007.1028.

17. M. Lahdenpera et al., "Fitness benefits of prolonged post-reproductive life span in women," *Nature* 428, no. 6979 (2004): 178-81.
18. M. Lahdenpera et al., "Selection for long life span in men: Benefits of grandfathering?," *Proceedings of the Royal Society of London, Series B: Biological Sciences* 274, no. 1624 (2007): 2437-44.
19. E. A. Foster et al., "Adaptive prolonged postreproductive life span in killer whales," *Science* 337, no. 6100 (2012): 1313, doi:10.1126/science.1224198.
20. R. A. Johnstone and M. A. Cant, "The evolution of menopause in cetaceans and humans: The role of demography," *Proceedings of the Royal Society of London, Series B: Biological Sciences* 277, no. 1701 (2010): 3765-71, doi:10.1098/rspb.2010.0988.
21. S. N. Austad, "Why women live longer than men: Sex differences in longevity," *Gender Medicine* 3, no. 2 (2006): 79-92.
22. M. De Paepe and F. Taddei, "Viruses' life history: Towards a mechanistic basis of a trade-off between survival and reproduction among phages," *PLoS Biology* 4, no. 7 (2006): 1248-56, doi:e19310.1371/journal.pbio.0040193.
23. W. A. Van Voorhies et al., "Do longevity mutants always show trade-offs?," *Experimental Gerontology* 41, no. 10 (2006): 1055-58, doi:10.1016/j.exger.2006.05.006.
24. D. Zanette, "Playing by numbers," *Nature* 453 (June 19, 2008): 988-89.
25. N. L. Jenkins et al., "Fitness cost of extended life span in *Caenorhabditis elegans*," *Proceedings of the Royal Society of London, Series B: Biological Sciences* 271, no. 1556 (2004): 2523-26, doi:10.1098/rspb.2004.2897.
26. J. Chen et al., "A demographic analysis of the fitness cost of extended longevity in *Caenorhabditis elegans*," *Journals of Gerontology, Series A, Biological Sciences and Medical Sciences* 62, no. 2 (2007): 126-35.
27. J. Gruber et al., "Evidence for a trade-off between survival and fitness caused by resveratrol treatment of *Caenorhabditis elegans*," in *Biogerontology: Mechanisms and Interventions*, ed. S. I. S. Rattan and S. Akman, Annals of the New York Academy of Sciences, 1100 (New York Academy of Sciences, 2007), 530-42.
28. J. Maynard Smith, "The effects of temperature and of egg-laying on the longevity of *Drosophila subobscura*," *Journal of Experimental Biology* 35 (1958): 832-42.
29. T. Flatt, "Survival costs of reproduction in *Drosophila*," *Experimental Gerontology* 46, no. 5 (2011): 369-75, doi:10.1016/j.exger.2010.10.008.

30. W. A. Van Voorhies et al., "The longevity of *Caenorhabditis elegans in soil*," *Biology Letters* 1, no. 2 (2005): 247-49, doi:10.1098/rsbl.2004.0278.
31. R. E. Ricklefs and C. D. Cadena, "Lifespan is unrelated to investment in reproduction in populations of mammals and birds in captivity," *Ecology Letters* 10, no. 10 (2007): 867-72; R. E. Ricklefs and C. D. Cadena, "Rejoinder to Ricklefs and Cadena (2007): Response to Mace and Pelletier," *Ecology Letters* 10, no. 10 (2007): 874-75, doi:10.1111/j.1461-0248.2007.01103.x.

◉第７章　生殖と死

1. Ovid, *Metamorphoses* (Penguin, 2004).
2. S. A. Brown, *Ovid: Myth and Metamorphosis* (Bristol Classical Press, 2005).
3. George Frideric Handel, *Semele*, performed by Monteverde Choir & English Baroque soloists, conducted by John Elliot Gardiner, sleeve notes, released February 3, 1993, Erato 2292-45982-2, 1993.
4. T. Fort, *The Book of Eels* (Harper Collins, 2002).
5. F. Rocha et al., "A review of reproductive strategies in cephalopods," *Biological Reviews* 76, no. 3 (2001): 291-304; L. C. Hendrickson and D. R. Hart, "An age-based cohort model for estimating the spawning mortality of semelparous cephalopods with an application to per-recruit calculations for the northern shortfi n squid, *Illex illecebrosus*," *Cephalopod Stock Assessment Workshop* (2004): 4-13, doi:10.1016/j.fishres.2005.12.005.
6. R. Shine, "Reproductive strategies in snakes," *Proceedings of the Royal Society of London, Series B: Biological Sciences* 270, no. 1519 (2003): 995-1004, doi:10.1098/rspb.2002.2307; K. B. Karsten et al., "A unique life history among tetrapods: An annual chameleon living mostly as an egg," *Proceedings of the National Academy of Sciences of the United States of America* 105, no. 26 (2008): 8980-84, doi:10.1073/pnas.0802468105.
7. L. C. Cole, "The population consequences of life history phenomena," *Quarterly Review of Biology* 29, no. 2 (1954): 103-37, doi:10.1086/400074.
8. M. Bulmer, *Theoretical Evolutionary Ecology* (Sinauer Associates, 1994).
9. M. E. Jones et al., "Life-history change in disease-ravaged Tasmanian devil populations," *Proceedings of the National Academy of Sciences of the United States of America* 105, no. 29 (2008): 10023-27, doi:10.1073/pnas.0711236105.
10. C. E. Holleley et al., "Size breeds success: Multiple paternity, multivariate selection and male semelparity in a small marsupial,

Antechinus stuartii," *Molecular Ecology* 15, no. 11 (2006): 3439-48, doi:10.1111/j.1365-294X.2006.03001.x.
11. R. Naylor et al., "Boom and bust: A review of the physiology of the marsupial genus *Antechinus*," *Journal of Comparative Physiology B: Biochemical, Systemic, and Environmental Physiology* 178, no. 5 (2008): 545-62, doi:10.1007/s00360-007-0250-8; M. Wolkewitz et al., "Is 27 really a dangerous age for famous musicians? Retrospective cohort study," *British Medical Journal* 343 (2011), doi:10.1136/bmj.d7799.
12. Wolkewitz et al., "Is 27 really a dangerous age?; K. Kraaijeveld et al., "Does female mortality drive male semelparity in dasyurid marsupials?," *Proceedings of the Royal Society of London, Series B: Biological Sciences* 270 (2003): S251-S253.
13. K. M. Wolfe et al., "Post-mating survival in a small marsupial is associated with nutrient inputs from seabirds," *Ecology* 85, no. 6 (2004): 1740-46.
14. J. S. Christiansen et al., "Facultative semelparity in capelin *Mallotus villosus* (Osmeridae): An experimental test of a life history phenomenon in a sub-arctic fish," *Journal of Experimental Marine Biology and Ecology* 360, no. 1 (2008): 47-55, doi:10.1016/j.jembe.2008.04.003.
15. D. W. Tallamy and W. P. Brown, "Semelparity and the evolution of maternal care in insects," *Animal Behaviour* 57 (1999): 727-30.
16. K. Futami and S. Akimoto, "Facultative second oviposition as an adaptation to egg loss in a semelparous crab spider," *Ethology* 111, no. 12 (2005): 1126-38.
17. S. Suzuki et al., "Matriphagy in the hump earwig, *Anechura harmandi* (Dermaptera: Forficulidae), increases the survival rates of the off spring," *Journal of Ethology* 23, no. 2 (2005): 211-13, doi:10.1007/s10164-005-0145-7.
18. I. A. Fleming and M. R. Gross, "Evolution of adult female life history and morphology in a Pacific salmon (coho: *Oncorhynchus kisutch*)," *Evolution* 43, no. 1 (1989): 141-57.
19. K. J. Lohmann et al., "Geomagnetic imprinting: A unifying hypothesis of long-distance natal homing in salmon and sea turtles," *Proceedings of the National Academy of Sciences of the United States of America* 105, no. 49 (2008): 19096-101, doi:10.1073/pnas.0801859105; H. Bandoh et al., "Olfactory responses to natal stream water in sockeye salmon by BOLD fMRI," *PLoS One* 6, no. 1 (2011), doi:10.1371/journal.pone.0016051.
20. M. D. Hocking and J. D. Reynolds, "Impacts of salmon on riparian plant diversity," *Science* 331, no. 6024 (2011): 1609-12, doi:10.1126/science.1201079.

21. S. M. Carlson et al., "Predation by bears drives senescence in natural populations of salmon," *PLoS One* 2, no. 12 (2007), doi:10.1371/journal.pone.0001286.
22. B. J. Crespi and R. Teo, "Comparative phylogenetic analysis of the evolution of semelparity and life history in salmonid fishes," *Evolution* 56, no. 5 (2002): 1008-20.
23. I. A. Fleming, "Reproductive strategies of Atlantic salmon: Ecology and evolution," *Reviews in Fish Biology and Fisheries* 6, no. 4 (1996): 379-416, doi:10.1007/bf00164323; C. Garcia de Leaniz et al., "A critical review of adaptive genetic variation in Atlantic salmon: Implications for conservation," *Biological Reviews* 82, no. 2 (2007): 173-211, doi:10.1111/j.1469-185X.2006.00004.x.
24. Fleming, "Reproductive strategies of Atlantic salmon."
25. M. R. Gross, "Disruptive selection for alternative life histories in salmon," *Nature* 313 (1985): 47-48; Y. Tanaka et al., "Breeding games and dimorphism in male salmon," *Animal Behaviour* 77, no. 6 (2009): 1409-13, doi:10.1016/j.anbehav.2009.01.039.
26. M. Buoro et al., "Investigating evolutionary trade-offs in wild populations of Atlantic salmon (*Salmo salar*): Incorporating detection probabilities and individual heterogeneity," *Evolution* 64, no. 9 (2010): 2629-42, doi:10.1111/j.1558-5646.2010.01029.x.
27. D. H. Janzen, "Why bamboos wait so long to flower," *Annual Review of Ecology and Systematics* 7 (1976): 347-91.
28. J. Carter et al., "Giant panda (*Ailuropoda melanoleuca*) population dynamics and bamboo (subfamily Bambusoideae) life history: A structured population approach to examining carrying capacity when the prey are semelparous," *Ecological Modelling* 123, no. 2-3 (1999): 207-23; K. G. Johnson et al., "Responses of giant pandas to a bamboo die-off ," *National Geographic Research* 4 (1988): 161-77.
29. L. H. Yang, "Periodical cicadas as resource pulses in North American forests," *Science* 306, no. 5701 (2004): 1565-67.
30. M. Rocha et al., "Reproductive ecology of five sympatric *Agave littaea* (Agavaceae) species in Central Mexico," *American Journal of Botany* 92, no. 8 (2005): 1330-41.

●第８章　生命のペース

1. Venom, "Live Like an Angel," on *Welcome to Hell* (1981), accessed September 13, 2012, http://lyrics.rockmagic.net/lyrics/venom/welcome_to_hell_1981.html#s05.
2. *Wikipedia*, s.v. "The 27 Club," accessed September 13, 2012, http://en.wikipedia.org/wiki/27_Club.
3. "Winehouse died from alcohol poisoning after going on drinking

binge": *Guardian*, October 27, 2011, 5.
4. M. Wolkewitz et al., "Is 27 really a dangerous age for famous musicians? Retrospective cohort study," *British Medical Journal* 343 (2011), doi:10.1136/bmj.d7799.
5. D. W. MacDonald, ed., *The New Encyclopedia of Mammals* (Oxford University Press, 2001).
6. J. T. Bonner, *Why Size Matters* (Princeton University Press, 2006), 117.
7. I. L. Goldman, "Raymond Pearl, smoking and longevity," *Genetics* 162, no. 3 (2002): 997-1001.
8. R. Pearl, "Cancer and tuberculosis," *American Journal of Hygiene* 9, no. 1 (1929): 97-159; R. Pearl et al., "Experimental treatment of cancer with tuberculin," *Lancet* 1 (1929): 1078-80.
9. H. S. Jennings, "Biographical memoir of Raymond Pearl, 1879-1940," *National Academy of the United States of America Biographical Memoirs* 22, no. 14 (1942): 294-347.
10. R. Pearl, "An appeal," *Science (New York, NY)* 50, no. 1301 (1919): 524-25, doi:10.1126/science.50.1301.524-a.
11. S. E. Kingsland, "Raymond Pearl: On the frontier in the 1920s—Raymond Pearl Memorial Lecture (1983)," *Human Biology* 56, no. 1 (1984): 1-18.
12. S. Mayfield, *The Constant Circle: H. L. Mencken and His Friends* (Delacorte Press, 1968).
13. R. Pearl and A. Allen, "The influence of alcohol upon the growth of seedlings," *Journal of General Physiology* 8, no. 3 (1926): 215-31, doi:10.1085/jgp.8.3.215.
14. R. Lakshman et al., "Is alcohol beneficial or harmful for cardioprotection?," *Genes and Nutrition* 5, no. 2 (2010): 111-20, doi:10.1007/s12263-009-0161-2.
15. R. Pearl, "Studies on human longevity VII. Tobacco smoking and longevity," *Science* 87 (1938): 216-17.
16. R. Pearl, *Alcohol and Longevity* (Alfred Knopf, 1926).
17. H. S. Lewis, *Arrowsmith* (New American Library, 1925), 387. シンクレア・ルイス『ドクターアロースミス』(内野儀訳、小学館)
18. R. Pearl, *The Rate of Living, Being an Account of Some Experimental Studies on the Biology of Life Duration* (Alfred Knopf, 1928).
19. R. Pearl, *The Biology of Death* (J. B. Lippincott, 1922).
20. S. N. Austad, *Why We Age* (Wiley, 1997), 76. スティーヴン・N. オースタッド『老化はなぜ起こるか：コウモリは老化が遅く、クジラはガンになりにくい』(吉田利子訳、草思社)
21. J. W. MacArthur and W. H. T. Baillie, "Metabolic activity and duration of life II. Metabolic rates and their relation to longevity in *Daphnia magna*," *Journal of Experimental Zoology* 53, no. 2 (1929): 243-

68, doi:10.1002/jez.1400530206.
22. K. Kitani and G. O. Ivy, "I thought, thought, thought for four months in vain and suddenly the idea came"—An interview with Denham and Helen Harman," *Biogerontology* 4, no. 6 (2003): 401-12, doi:10.1023/b:bgen.0000006561.15498.68.
23. D. Harman, "Aging: A theory based on free-radical and radiation chemistry," *Journal of Gerontology* 11, no. 3 (1956): 298-300.
24. A. A. Freitas and J. P. de Magalhães, "A review and appraisal of the DNA damage theory of ageing," *Mutation Research—Reviews in Mutation Research* 728, no. 1-2 (2011): 12-22, doi:10.1016/j.mrrev.2011.05.001.
25. William Shakespeare, Sonnet no. 73, in *The Complete Works of William Shakespeare*, Royal Shakespeare Company Edition, ed. J. Bate and E. Rasmussen (Macmillan, 2006). 邦訳は『シェイクスピア詩集』(柴田稔彦編、岩波書店）などがある。
26. K. B. Beckman and B. N. Ames, "The free radical theory of aging matures," *Physiological Reviews* 78, no. 2 (1998): 547-81.
27. S. N. Austad and K. E. Fischer, "Mammalian aging, metabolism, and ecology: Evidence from the bats and marsupials," *Journals of Gerontology, Biological Sciences* 46, no. 2 (1991): B47-B53.
28. D. J. Holmes et al., "Comparative biology of aging in birds: An update," *Experimental Gerontology* 36, no. 4-6 (2001): 869-83, doi:10.1016/s0531-5565(00)00247-3.
29. AnAge: The Animal Ageing and Longevity Database, accessed December 30, 2011, http://genomics.senescence.info/species/.
30. J. P. de Magalhães et al., "An analysis of the relationship between metabolism, developmental schedules, and longevity using phylogenetic independent contrasts," *Journals of Gerontology, Series A, Biological Sciences and Medical Sciences* 62, no. 2 (2007): 149-60.
31. R. M. Sibly and J. H. Brown, "Effects of body size and lifestyle on evolution of mammal life histories," *Proceedings of the National Academy of Sciences of the United States of America* 104, no. 45 (2007): 17707-12, doi:10.1073/pnas.0707725104.
32. M. A. Blanco and P. W. Sherman, "Maximum longevities of chemically protected and non-protected fishes, reptiles, and amphibians support evolutionary hypotheses of aging," *Mechanisms of Ageing and Development* 126, no. 6-7 (2005): 794-803, doi:10.1016/j.mad.2005.02.006.
33. C. Turbill et al., "Hibernation is associated with increased survival and the evolution of slow life histories among mammals," *Proceedings of the Royal Society of London, Series B: Biological Sciences* 278, no. 1723 (2011): 3355-63, doi:10.1098/rspb.2011.0190.

34. M. R. Shattuck and S. A. Williams, "Arboreality has allowed for the evolution of increased longevity in mammals," *Proceedings of the National Academy of Sciences of the United States of America* 107, no. 10 (2010): 4635-39, doi:10.1073/pnas.0911439107.
35. J. W. Gibbons, "Why do turtles live so long?," *BioScience* 37, no. 4 (1987): 262-69, doi:10.2307/1310589.
36. G. C. Williams, "Pleiotropy, natural selection, and the evolution of senescence," *Evolution* 11 (1957): 398-411.
37. R. E. Ricklefs, "Evolutionary theories of aging: Confirmation of a fundamental prediction, with implications for the genetic basis and evolution of life span," *American Naturalist* 152 (1998): 24-44.
38. O. R. Jones et al., "Senescence rates are determined by ranking on the fast-slow life-history continuum," *Ecology Letters* 11, no. 7 (2008): 664-73, doi:10.1111/j.1461-0248.2008.01187.x.
39. really put to an unequivocal test: S. C. Stearns et al., "Experimental evolution of aging, growth, and reproduction in fruitflies," *Proceedings of the National Academy of Sciences of the United States of America* 97, no. 7 (2000): 3309-13.
40. T. Flatt, "Survival costs of reproduction in *Drosophila*," *Experimental Gerontology* 46, no. 5 (2011): 369-75, doi:10.1016/j.exger.2010.10.008.
41. M. O. Winfield et al., "A brief evolutionary excursion comes to an end: The genetic relationship of British species of *Gentianella* sect. *Gentianella* (Gentianaceae)," *Plant Systematics and Evolution* 237, no. 3-4 (2003): 137-51, doi:10.1007/s00606-002-0248-3.
42. スティーヴン・オースタッドへのインタビュー。State of Tomorrow (University of Texas Foundation), accessed January 7, 2012, http://www.stateoftomorrow.com/stories/transcripts/AustadInterviewTranscript.pdf.
43. S. N. Austad, *Why We Age* (Wiley, 1997), 114. スティーヴン・N. オースタッド『老化はなぜ起こるか：コウモリは老化が遅く、クジラはガンになりにくい』(吉田利子訳、草思社)
44. S. N. Austad, "Retarded senescence in an insular population of Virginia opossums (*Didelphis virginiana*)," *Journal of Zoology* 229 (1993): 695-708.
45. M. R. Shattuck and S. A. Williams, "Arboreality has allowed for the evolution of increased longevity in mammals," *Proceedings of the National Academy of Sciences of the United States of America* 107, no. 10 (2010): 4635-39, doi:10.1073/pnas.0911439107.
46. C. Gonzalez-Lagos et al., "Large-brained mammals live longer," *Journal of Evolutionary Biology* 23, no. 5 (2010): 1064-74, doi:10.1111/j.1420-9101.2010.01976.x.

◉第9章 不老

1. R. A. Heinlein, *Methuselah's Children* (New English Library, 1980), originally published 1941. ロバート A ハインライン『メトセラの子ら』(矢野徹訳、早川書房)
2. J. Oeppen and J. W. Vaupel, "Demography: Broken limits to life expectancy," *Science* 296, no. 5570 (2002): 1029-31.
3. D. Giustarini et al., "Oxidative stress and human diseases: Origin, link, measurement, mechanisms, and biomarkers," *Critical Reviews in Clinical Laboratory Sciences* 46, no. 5-6 (2009): 241-81, doi:10.3109/10408360903142326.
4. J. P. de Magalhães and G. Church, "Cells discover fire: Employing reactive oxygen species in development and consequences for aging," *Experimental Gerontology* 41, no. 1 (2006): 1-10, doi:10.1016/j.exger.2005.09.002.
5. Z. Ungvari et al., "Extreme longevity is associated with increased resistance to oxidative stress in *Arctica islandica*, the longest-living non-colonial animal," *Journals of Gerontology, Series A, Biological Sciences and Medical Sciences* 66, no. 7 (2011): 741-50, doi:10.1093/gerona/glr044.
6. J. Issartel et al., "High anoxia tolerance in the subterranean salamander *Proteus anguinus* without oxidative stress nor activation of antioxidant defenses during reoxygenation," *Journal of Comparative Physiology B: Biochemical, Systemic, and Environmental Physiology* 179, no. 4 (2009): 543-51, doi:10.1007/s00360-008-0338-9.
7. K. N. Lewis et al., "Stress resistance in the naked mole-rat: The bare essentials: A mini-review," *Gerontology* 58, no. 5 (2012): 453-62.
8. J. R. Speakman and C. Selman, "The free-radical damage theory: Accumulating evidence against a simple link of oxidative stress to ageing and life span," *Bioessays* 33, no. 4 (2011): 255-59, doi:10.1002/bies.201000132.
9. T. von Schantz et al., "Good genes, oxidative stress and condition-dependent sexual signals," *Proceedings of the Royal Society of London, Series B: Biological Sciences* 266, no. 1414 (1999): 1-12, doi:10.1098/rspb.1999.0597.
10. C. R. Freeman-Gallant et al., "Oxidative damage to DNA related to survivorship and carotenoid-based sexual ornamentation in the common yellowthroat," *Biology Letters* 7, no. 3 (2011): 429-32, doi:10.1098/rsbl.2010.1186.
11. N. Saino et al., "Antioxidant defenses predict long-term survival in a passerine bird," *PLoS One* 6, no. 5 (2011), doi:e1959310.1371/journal.pone.0019593.
12. R. J. Safran et al., "Positive carotenoid balance correlates with

greater reproductive performance in a wild bird," *PLoS One* 5, no. 2 (2010), doi:e942010.1371/journal.pone.0009420.
13. G. C. Williams, "Pleiotropy, natural selection, and the evolution of senescence," *Evolution* 11 (1957): 398-411.
14. R. Holliday and S. I. S. Rattan, "Longevity mutants do not establish any 'new science' of ageing," *Biogerontology* 11, no. 4 (2010): 507-11, doi:10.1007/s10522-010-9288-1.
15. J. Weiner, *Long for This World: The Strange Science of Immortality* (Ecco, 2010). ジョナサン・ワイナー『寿命1000年：長命科学の最先端』（鍛原多惠子訳、早川書房）
16. A. de Grey, "Defeat of aging: Utopia or foreseeable scientific reality," in Future of Life and the *Future of Our Civilization*, ed. V. Burdyuzha (Springer 2006), 277-90.
17. C. Curtis et al., "The genomic and transcriptomic architecture of 2,000 breast tumours reveals novel subgroups," *Nature* 486, no. 7403 (2012), 346-52, doi:10.1038/nature10983.
18. L. Hayflick and P. S. Moorhead, "Serial cultivation of human diploid cell strains," *Experimental Cell Research* 25, no. 3 (1961): 585-621, doi:10.1016/0014-4827(61)90192-6.
19. J. W. Shay and W. E. Wright, "Hayflick, his limit, and cellular ageing," *Nature Reviews Molecular Cell Biology* 1, no. 1 (2000): 72-76.
20. E. H. Blackburn et al., "Telomeres and telomerase: The path from maize, *Tetrahymena* and yeast to human cancer and aging," *Nature Medicine* 12, no. 10 (2006): 1133-38.
21. S. Chen, "Length of a human DNA molecule," in *The Physics Factbook*, ed. Glenn Elert, accessed January 25, 2012, http://hypertextbook.com/facts/1998/StevenChen.shtml.
22. L. Hayflick, "Human cells and aging," *Scientific American* 218, no. 3 (1968): 32-37.
23. K. A. Mather et al., "Is telomere length a biomarker of aging? A review," *Journals of Gerontology, Series A, Biological Sciences and Medical Sciences* 66, no. 2 (2011): 202-13, doi:10.1093/gerona/glq180.
24. J. W. Shay and W. E. Wright, "Role of telomeres and telomerase in cancer," *Seminars in Cancer Biology* 21, no. 6 (2011): 349-53, doi:10.1016/j.semcancer.2011.10.001.
25. A. Seluanov et al., "Telomerase activity coevolves with body mass not life span," *Aging Cell* 6, no. 1 (2007): 45-52, doi:10.1111/j.1474-9726.2006.00262.x.
26. N. M. V. Gomes et al., "Comparative biology of mammalian telomeres: Hypotheses on ancestral states and the roles of telomeres in longevity determination," *Aging Cell* 10, no. 5 (2011): 761-68, doi:10.1111/j.1474-9726.2011.00718.x.

27. P. Bize et al., "Telomere dynamics rather than age predict life expectancy in the wild," *Proceedings of the Royal Society of London, Series B: Biological Sciences* 276, no. 1662 (2009): 1679-83, doi:10.1098/rspb.2008.1817; C. M. Vleck et al., "Evolutionary ecology of senescence: A case study using tree swallows, *Tachycineta bicolor*," *Journal of Ornithology* 152 (2011): 203-11, doi:10.1007/s10336-010-0629-2; H. M. Salomons et al., "Telomere shortening and survival in free-living corvids," *Proceedings of the Royal Society of London, Series B: Biological Sciences* 276, no. 1670 (2009): 3157-65, doi:10.1098/rspb.2009.0517; C. G. Foote et al., "Individual state and survival prospects: Age, sex, and telomere length in a long-lived seabird," *Behavioral Ecology* 22, no. 1 (2011): 156-61, doi:10.1093/beheco/arq178.
28. R. M. Cawthon et al., "Association between telomere length in blood and mortality in people aged 60 years or older," *Lancet* 361, no. 9355 (2003): 393-95.
29. Mather et al., "Is telomere length a biomarker of aging?"
30. D. A. Gunn et al., "Perceived age as a biomarker of ageing: A clinical methodology," *Biogerontology* 9, no. 5 (2008): 357-64, doi:10.1007/s10522-008-9141-y.
31. D. J. Baker et al., "Clearance of p16Ink4a-positive senescent cells delays ageing-associated disorders," *Nature* 479, no. 7372 (2011): 232-36.
32. L. Lapasset et al., "Rejuvenating senescent and centenarian human cells by reprogramming through the pluripotent state," *Genes & Development* 25, no. 21 (2011): 2248-53, doi:10.1101/gad.173922.111.
33. R. Wilkinson and K. Pickett, *The Spirit Level: Why More Equal Societies Almost Always Do Better* (Penguin Books, 2010). リチャード・ウィルキンソン、ケイト・ピケット『平等社会：経済成長に代わる、次の目標』（酒井泰介訳、東洋経済新報社）
34. Wilkinson and Pickett, *The Spirit Level*. 同上。

付録　本書で取り上げた種の学名と寿命

この付録では本書で言及した種の学名と、知られている平均寿命／最大寿命（カッコ内）を挙げた。動物のデータはおもにAnAgeデータベース(http://genomics.senescence.info/species/)から、ほかのデータはおもに該当章の原注に記載した情報源から入手した。寿命がわかっていない場合には、「—」と記載している。

一般名	学名	寿命（年）
ヨウム	*Psittacus erithacus*	50
シロハラアマツバメ	*Apus melba*	6 (26)
アマゾンの木（アバルコ）	*Cariniana micrantha*	1,400
アメリカビーバー	*Castor Canadensis*	23
アメリカウナギ	*Anguilla rostrata*	15 (50)
コマツグミ	*Turdus migratorius*	17
タイセイヨウサケ	*Salmo salar*	13
秋咲きリンドウ	*Gentianella amarelle*	0.25-1.5
バルサムモミ	*Abies balsamea*	> 80
タケ	*Bambusoideae*	(120)
ツバメ	*Hirundo rustica*	16
カバ	*Betula* spp.	100-200
クロクマ	*Ursus americanus*	(34)
ホッキョククジラ	*Balaena mysticetus*	(211)
ワラビ（クローン）	*Pteridium aquilinum*	(700)
イガゴヨウ	*Pinus longaeva*	(4,789)
ブラウンアンテキヌス	*Antechinus stuartii*	1 (5.4)
ゴボウ	*Arctium minus*	2
カラフトシシャモ	*Mallotus villosus*	10
カピバラ	*Hydrochaeris hydrochaeris*	10 (15)
アオノリュウゼツラン	*Agave americana*	25
ハコベ	*Stellaria media*	< 1
カオグロアメリカムシクイ	*Geothlypis trichas*	(11.5)
アマギエビスグモ	*Lysiteles coronatus*	—
クレオソート・ブッシュ	*Larrea tridentate*	(約11,000)
アンテキヌスモドキ	*Parantechinus apicalis*	> 3 (5.5)
ドードー	*Raphus cucullatus*	—
早咲きリンドウ	*Gentianella anglica*	0.3
トウブハイイロリス	*Sciurus carolinensis*	(24)
イースタンレッドシダー（エンピツビャクシン）	*Juniperus virginiana*	(300)
イースタンホワイトシダー（ニオイヒバ）	*Thuja occidentalis*	80 (1,800)

エミュー	*Dromaius novaehollandiae*	16.6
ヨーロッパウナギ	*Anguilla Anguilla*	10-15 (88)
マツヨイグサ	*Oenothera* spp.	2-3
オオフラミンゴ	*Phoenicopterus roseus*	(44)
ジギタリス	*Digitalis purpurea*	2
ホンカワシンジュガイ	*Margaritifera margaritifera*	(250)
ショウジョウバエ	*Drosophila melanogaster* など	0.3
アメリカナミガイ	*Panopea generosa* (異名 *P. abrupta*)	(169)
ジャイアントロベリア	*Lobelia telekii*	40-70
ノボロギク	*Senecio vulgaris*	< 1
グワリー	*Euclera undulate*	(約 10,000?)
ホンビノスガイ	*Mercenaria mercenaria*	68 (106)
セグロカモメ	*Larus argentatus*	(49)
女王バチ	*Apis mellifera*	(8)
働きバチ	*Apis mellifera*	< 1
マウス（ハツカネズミ）	*Mus musculus*	(4)
ヒト	*Homo sapiens*	66 (122)
類人魚ないしホライモリ	*Proteus anguinus*	(100)
ニシコクマルガラス	*Corvus monedula*	(20)
コブハサミムシ	*Anechura harmandi*	1
シャチ	*Orcinus orca*	50 (100)
ラフィアヤシ	*Raphia australis*	30
タゲリ	*Vanellus vanellus*	(16)
ヘラオオバコ	*Plantago lanceolata*	1-2
ラボードカメレオン	*Furcifer labordi*	0.4
マレーシアツノゼミ	*Pyrgauchenia tristaniopsis*	0.2
チチュウカイミバエ	*Ceratitis capitata*	0.1
アストロカリウム・メキシカヌム	*Astrocaryum mexicanum*	123
ビロードモウズイカ	*Verbascum thapsus*	2
ハダカデバネズミ	*Heterocephalus glaber*	25 (31)
線虫 *	*Caenorhabditis elegans*	0.06
アイスランドガイ	*Arctica islandica*	100 (405)
ダチョウ	*Struthio camelus*	(50)
ウテニカ・イエローウッド	*Afrocarpus falcatus*	(650)
ギンザケ（タイヘイヨウサケ属）	*Oncorhynchus kisutch*	3
周期ゼミ	*Magicicada* spp.	13、17
アブラコウモリ	*Pipistrellus pipistrellus*	(16)
ポンデローサマツ	*Pinus ponderosa*	300
ケシ	*Papaver* spp.	< 1
プヤ・ライモンディ	*Puya raimondii*	80-150
ラット（ドブネズミ）	*Rattus norvegicus*	3.8
オオフルマカモメ	*Macronectes giganteus*	(40)

アメリカオニアザミ	*Cirsium vulgare*	2
スタウト・インファントフィッシュ	*Schindleria brevipinguis*	0.16
チオマルガリータ・ナミビエンシス	*Thiomargarita namibiensis*	—
コウリバヤシ	*Corypha umbraculifera*	30-80
タスマニアデビル	*Sarcophilus harrisii*	2
シロイヌナズナ	*Arabidopsis thaliana*	0.12
ミドリツバメ	*Tachycineta bicolor*	(12)
アメリカヤマナラシ	*Populus tremuloides*	(10,000)
結核菌	*Mycobacterium tuberculosis*	—
ピロリ菌	*Helicobacter pylori*	—
キタオポッサム	*Didelphis virginiana*	2-3 (6.5)
ウエスタンレッドシダー	*Thuja plicata*	> 1,000
ノラニンジン	*Daucus carota*	2-3
エゾヘビイチゴ	*Fragaria vesca*	3-10
ヤナギ	*Salix* spp.	55 (85)
ウォレミマツ	*Wollemia nobilis*	> 350
ヨーロッパイチイ	*Taxus baccata*	> 1,000

* 線形動物門には既知の種が何万種もあるうえ、まだ記述されていない種がはるかに多くあるに違いないが、本書で用いる「線虫」という一般名はC・エレガンス一種のみを指している。

「なぜ私たちは老いて死ぬのか？」――本書はこの問いかけに進化論によって答える。そこから見えてくるのは、私たちの生―老い―死（寿命）が、矛盾、パラドックス、トレードオフに満ちあふれているという実態だ。

まず根本的な矛盾は、なぜわざわざ老いや死の問題を抱え込むような生物が進化したのか、ということだ。私たちの身体にもいる細菌のような単細胞生物であれば、とてつもなく速く（短い世代時間）で増殖し、進化することができる。実際、生命誕生以来、長いあいだ彼らしかいない天下だった（そして、いまだに繁栄している）。その多くは無性生殖で、じぶんと同じクローンの子孫を生み出すため、個体の「死」すらない。

老化や死は有性生殖に伴って登場し、多細胞生物において広まった。では、単細胞生物から複雑な多細胞生物へと進化したメリットは何なのか？　そして進化はなぜ老化や死を許容するのか？　多細胞生物のメリットのひとつは、損傷や感染して細胞にガタがきても新たな細胞で作り直せることだ。ただし、デメリットもある。細胞分裂の際のエラーが蓄積すると、ガンにかかってしまう。そして、ここにも矛盾がひそんでいる。より体が大きく（細胞が多く）、より寿命が長い生物ほど、ガンにかかるリスクは高くなるはずだ。しかし、そうではない。より長命の種のほうが、そしてより大型の種のほうがガンから守られているのである（ピトのパラドックス）。

寿命についてもねじれた事実が浮かび上がる。本書は寿命について、まず「死亡倍加時間（死亡率が一定の期間ごとに倍になる）」と「初期死亡率」に注目する（ゴンペルツの法則）。これによって、人間の寿命の延びは、初期死亡率の低下に起因し、老化が進んでいないためではないことがわかる。しかし、驚くべきことに超高齢になると、なんと老化は止まってしまう！　また「二重の働きをする突然変異」も矛盾そのものだ。これは若い生殖期にはプラスとなっても、年を取ると健康に害になるという両義的な突然変異のことである（たとえば感染症を防ぐ一方で、年を取ると関節リウマチにかかりやすくなる免疫系の働きなど）。

どうやら生存（寿命）と生殖（繁殖）は、トレードオフのかかわりのようだ。生殖細胞は化学信号によって遺伝子スイッチを切り換え、寿命の長さを制御しているらしい（たとえば、卵巣のない突然変異体のショウジョウバエは野生型よりかなり長生きだ。またタイヘイヨウサケや、大豆などの植物でさえ去勢されると寿命を延ばす）。身体を作る体細胞はダメージが蓄積して老い死んでいくが、生殖細胞（遺伝情報）は守られ、次世代へと受け継がれる。では、老化や寿命はガタのきた個体を排除し、新たな若々しい個体へと道を譲るためにあるのだろうか？　そうではないと本書は注意を促す。老化や寿命とは、「年を取ると自然選択が引退する」成り行きなのである。一方で、植物や群体動物は、生殖細胞と体細胞の系列が分化していないので、自然選択が突然変異の有害な影響から細胞を保護し続けている。そのため、一般にきわめて長寿だ。

興味深いのは、外部要因による成体死亡率（外的死亡率）が高くなるほど短命になりやすく、低いほど長寿になりやすいということだ（生物学者ウィリアムの説）。実際、意図的に集団の外的死亡率を高めると、その集団の寿命が縮まることが生物実験で検証されている。「生き急ぎ、若くして死ぬ（成体期に生きるリスクが高いと世代交代のペースが早まる）」ようになるのだ。逆に外的死亡率の低い環境であれば、老化が遅くなる。たとえば、大型捕食者のいない島で暮らすオポッサムは、捕食リスクの高い本土の仲間たちと比べて、その老化速度がほぼ半分であることがわかった。

このような知見から、ヒトが長寿な種である理由も浮かび上がる。ヒトの祖先たちはもともと、成体死亡率の低い樹上で暮らしていた（樹上で生活する霊長類・哺乳類は寿命が長い）。また、哺乳類では脳の大きな種ほど長生きする。そして、ヒトには他の霊長類にはない「閉経」という出来事がある。ヒトの女性にはなぜ閉経があり、子孫を残せなくなってからでも長生きできるのか？　本書はこの問いにも答えるが、男性には嬉しくない説明にちがいない。

ヒトのような長寿の哺乳類は、テロメアが短いというのも大いなるパラドックスだろう。生命の回数券と言われるテロメアは、長いほうが細胞の老化を防げるはずなのに。これは、ヒトの体細胞にはテロメアを長く伸ばす酵素であるテロメラーゼがない（マウスにはある）ということにも関連している。ヒトのほうがマウスよりずっと多くの細胞があり、細胞複製の回数もはるかに多いにもかかわらず、ガンの発症率は変わらない。つまり、テロメラーゼの生成スイッチが切れている上に、テロメアの短いことが、ガンという細胞分裂の暴走を止めるブレーキになっているのだ。しかし、このことは若い時期には有益だが、高齢になると不利に働く。先に見たように、自然選択は老化を引き起こす要因が、若いころに有益なら黙認するのだ。

さて、人類はその大きな脳を駆使して、老化を止められるだろうか？　本書はカロリー制限や抗酸化物質の効果を検証する一方で、老化細胞を除去する動物実験などにも注目する。とはいえ、進化生態学者である著者の視点に学ぶなら、多様な生き物たちの老化や寿命への考察とともに、私たち人間が老いと死に向き合う姿勢も見えてくるのではなかろうか。

最後になったが、文学的な引用もちりばめられた含蓄ある原著を、わかりやすく的確な日本語に訳してくださった寺町朋子さんに多大の感謝を！

本書出版プロデューサー　真柴隆弘

著者
ジョナサン・シルバータウン Jonathan Silvertown
エディンバラ大学の進化生態学の教授。同大学の進化生物学研究所に所属。多くの著書があり、『An Orchard Invisible（未邦訳）』で「ニューサイエンティスト」誌の年間ベストブックを獲得している。

著者サイト
www.jonathansilvertown.com/

訳者
寺町 朋子（てらまち ともこ）
翻訳家。訳書はトーマス・ズデンドルフ『現実を生きるサル 空想を語るヒト』、デイヴィッド・スティップ『長寿回路を ON にせよ！』、ジム・ホルト『世界はなぜ「ある」のか？』ほか。

なぜ老いるのか、なぜ死ぬのか、進化論でわかる

2016年2月10日　第1刷発行

著　者　　ジョナサン・シルバータウン
訳　者　　寺町 朋子
発行者　　宮野尾 充晴
発　行　　株式会社 インターシフト
〒156-0042　東京都世田谷区羽根木 1-19-6
電話 03-3325-8637　FAX 03-3325-8307
www.intershift.jp/
発　売　　合同出版 株式会社
〒101-0051　東京都千代田区神田神保町 1-44-2
電話 03-3294-3506　FAX 03-3294-3509
www.godo-shuppan.co.jp/
印刷・製本　シナノ印刷

装丁　織沢 綾

図版クレジット
カバー ©Atiketta Sangasaeng, Zoran Temelkov オビ ©JullyG, dkvektor
扉 ©Hein Nouwens（Shutterstock.com）

ISBN 978-4-7726-9549-7　C0040　NDC400　188x129

脳の中の時間旅行

クラウディア・ハモンド　渡会圭子訳　二二〇〇円＋税

ワープする時間の謎から、時間の流れを変えるコツまで、数々の賞を受賞した著者が明かす。★年間ベストブック（英国心理学協会）

「改めて人生の意味を考えさせられる」――竹内薫『日経新聞』

「時間に対する不思議な感覚について知りたい人は、ぜひ本書を手にとってほしい」――海老名久美『CNET Japan』

美味しさの脳科学 においが味わいを決めている

ゴードン・M・シェファード　小松淳子訳　二四五〇円＋税

美味しさは、口ではなく、脳が創り出している。その決め手は、口中から鼻に抜けるにおいだ。

「非常におもしろいので、料理に関心ある人は是非ともお読みください」――山形浩生『cakes』

「過去半世紀の神経科学領域の脳研究の進展を見てきた博士ならではの記述の正確さと洞察力には目を見張る」――東原和成『日経サイエンス』

ピア ネットワークの縁から未来をデザインする方法

スティーブン・ジョンソン　田沢恭子訳　一八〇〇円＋税
ピア（PEER）は、対等な仲間のような関係。そのネットワークが劇的に社会を変えていく。
「未来について楽観的になりたければ、本書がその関心を満たしてくれるだろう」――ビル・クリントン（元・米大統領）

死と神秘と夢のボーダーランド　死ぬとき、脳はなにを感じるか

ケヴィン・ネルソン　小松淳子訳　二三〇〇円＋税
臨死脳研究の国際的リーダーによる聖なる体験の科学。NHKスペシャル『臨死体験　立花隆　死ぬとき心はどうなるか』に著者登場！　養老孟司さん推薦！
「現代の脳科学が臨死体験の詳細について語ることを知りたい読者には、最近の書物としては『死と神秘と夢のボーダーランド』をお勧めしたい」――養老孟司『毎日新聞』

失われた夜の歴史

ロジャー・イーカーチ　樋口幸子・片柳佐智子・三宅真砂子訳　三二〇〇円＋税
夜が暗闇だった時代の、驚くべき真実。数々の賞・年間ベストブックに輝く名著、待望の刊行！
ジョージ・スタイナー、テリー・イーグルトン、絶賛！　樺山紘一・山形浩生氏などが書評で紹介！